序

人工智慧將改變每一個工作領域，如何學會善用人工智慧，利用其帶來的優勢，成為大家關注的重點。傳統合約查核對法務或稽核人員來說是一項耗時且耗人力的工作。然而，隨著 AI 人工智慧技術的快速發展，AI 合約審查機器人能夠提供智能審查，提升審查效率和效果，避免合約控制失效所帶來的停工或違約損失裁罰等重大營運風險。

文字探勘技術（Text Mining）與自然語言處理（NLP）被美國麻省理工學院（MIT）評選為未來十大最重要的技術之一。JCAATs AI 稽核軟體使用文字探勘技術，包括模糊重複、模糊比對、關鍵字、文字雲和情緒分析等功能。該軟體以視覺化且簡單易懂的介面呈現，讓學員能夠快速進入 AI 人工智慧新領域。此外，它還能結合 AI 人工智慧 OCR 資料連結器，快速辨識 PDF 或 PNG 格式的合約文字，並運用文字雲與 TF-IDF 演算法等功能，有效掌握高風險合約。

本教材由具備國際專業的稽核實務顧問群精心編撰，經 ICAEA 國際電腦稽核教育協會的認證，並附有完整的實例練習資料，學員可通過申請取得 AI 稽核軟體 JCAATs 教育版，指導學員學習如何運用最新且最熱門的 AI 人工智慧文字探勘技術。教學方式以實例上機演練為主，讓學習者能夠實際體驗如何進行合約內容的智能審查。

AI 來襲，邀請法遵、會計師、內稽、各階管理人員、大專院校師生等感興趣者共同學習新時代的智能稽核分析工具，協助組織事前掌控風險，提升治理效能！

JACKSOFT 傑克商業自動化股份有限公司
黃秀鳳總經理
2023/06/06

電腦稽核專業人員十誡

ICAEA 所訂的電腦稽核專業人員的倫理規範與實務守則，以實務應用與簡易了解為準則，一般又稱為『電腦稽核專業人員十誡』。其十項實務原則說明如下：

1. 願意承擔自己的電腦稽核工作的全部責任。
2. 對專業工作上所獲得的任何機密資訊應要確保其隱私與保密。
3. 對進行中或未來即將進行的電腦稽核工作應要確保自己具備有足夠的專業資格。
4. 對進行中或未來即將進行的電腦稽核工作應要確保自己使用專業適當的方法在進行。
5. 對所開發完成或修改的電腦稽核程式應要盡可能的符合最高的專業開發標準。
6. 應要確保自己專業判斷的完整性和獨立性。
7. 禁止進行或協助任何貪腐、賄賂或其他不正當財務欺騙性行為。
8. 應積極參與終身學習來發展自己的電腦稽核專業能力。
9. 應協助相關稽核小組成員的電腦稽核專業發展，以使整個團隊可以產生更佳的稽核效果與效率。
10. 應對社會大眾宣揚電腦稽核專業的價值與對公眾的利益。

目錄

jacksoft | AI Audit Expert

www.jacksoft.com.tw

Python Based 人工智慧稽核軟體

電腦稽核實務個案演練
AI智能稽核-
文字探勘於合約查核實例演練

傑克商業自動化股份有限公司

JACKSOFT為經濟部能量登錄電腦稽核與GRC(治理、風險管理與法規遵循)專業輔導機構，服務品質有保障

國際電腦稽核教育協會
認證課程

AI 與律師比賽審保密協議書，人類輸了

由經過充足訓練的AI與從業十幾年的律師進行比賽，四小時審查五項保密協議（NDA），並確定 30 個法律問題，包括仲裁、關係保密和賠償等。如何準確界定每個問題是比賽的得分要點。

資料來源：2018/02/28【合作媒體】雷鋒網
https://www.inside.com.tw/article/12094-ai-outperforms-human-lawyers-in-reviewing-legal-documents

北市府用AI審查預售屋契約 新系統輔助只需20分鐘

預售屋買賣定型化契約條文內容眾多、繁雜，業者又常將應記載事項，分散於契約各條文中，人員判讀困難，過去審約需費時10個完整工作日，如今透過自然語言理解演算法開發AI審約系統，條款判讀只需20分鐘，未來持續資訊訓練，即可提高判讀準確度。

AI系統經人工訓練後，已經能從茫茫契約中，撈出分散的內政部規定26項應記載事項，同時也能抓到不利條款，大幅提升審查量能與速度，縮短業者推案等待期，也能有效率為購屋族的契約把關，對民眾、業者、審查單位來說是三贏。

參考資料來源:自由時報，2021/07/02 https://estate.ltn.com.tw/article/11940

合約控制失效衍生重大營運風險實務案例

預售屋合約陷阱多要注意，新北建案遭罰 150 萬

新北市 / Credit: 觀旅局

預售屋合約陷阱多，簽約前要看個仔細

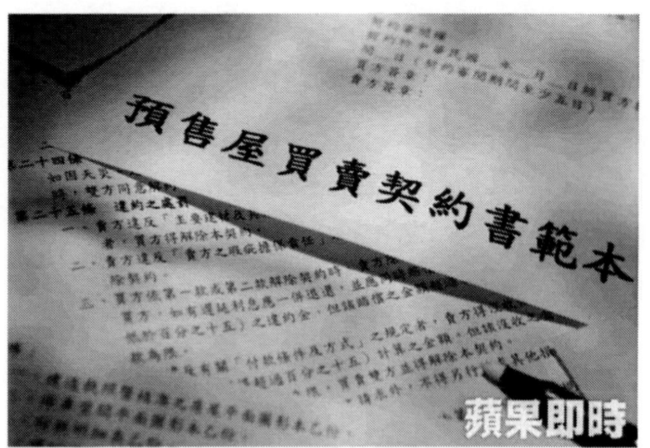

Credit: 蘋果日報

預售屋的交易市場上，合約方面的陷阱非常多。除了「先付訂金才給審閱合約」之外，交屋款的金額不足 5% 或是擅自決定金額、簽下 AB 約等等，都是常見的預售屋合約陷阱。

資料來源：工商時報，2022 年 1 月 8 日https://applealmondhome.com/posts/3989

電腦輔助稽核技術(CAATs)

- 稽核人員角度所設計的通用稽核軟體，有別於以資訊或統計背景所開發的軟體，以資料為基礎的Critical Thinking(批判式思考)，強調分析方法論而非僅工具使用技巧。
- 適用不同來源與各種資料格式之檔案匯入或系統資料庫連結，其特色是強調有科學依據的抽樣、資料勾稽與比對、檔案合併、日期計算、資料轉換與分析，快速協助找出異常。
- 由傳統大數據分析 往 AI人工智慧智能分析發展。

C++語言開發
付費軟體
Diligent Ltd.

以VB語言開發
付費軟體
CaseWare Ltd.

以Python語言開發
免費軟體
美國楊百翰大學

JCAATs-
AI稽核軟體
--Python Based

JCAATs-AI Audit Software
Copyright © 2023 JACKSOFT.

AI Audit Software
人工智慧新稽核

JCAATs為 AI 語言 Python 所開發新一代稽核軟體，**遵循 AICPA稽核資料標準**，具備傳統電腦輔助稽核工具(CAATs)的**數據分析功能**外，更包含許多人工智慧功能，如**文字探勘**、**機器學習**、**資料爬蟲**等，讓稽核分析更加智慧化，**提升稽核洞察力**。

JCAATs功能強大且易於操作，可分析大量資料，**開放式資料架構**，可與**多種資料庫**、**雲端資料源**、**不同檔案類型**及 **ACL 軟體介接**，讓稽核資料收集與融合更方便與快速。**繁體中文與視覺化使用者介面**，不熟悉 Python 語言的稽核或法遵人員也可透過**介面簡易操作**，輕鬆產出 Python 稽核程式，並可與廣大免費之開源 Python 程式資源整合，**讓稽核程式具備擴充性和開放性**，不再被少數軟體所限制。

JCAATs 人工智慧新稽核

世界第一套可同時
於Mac與PC執行之通用稽核軟體

繁體中文與視覺化的使用者介面

Modern Tools for Modern Time

JCAATs 3.1-超過百家客戶口碑肯定

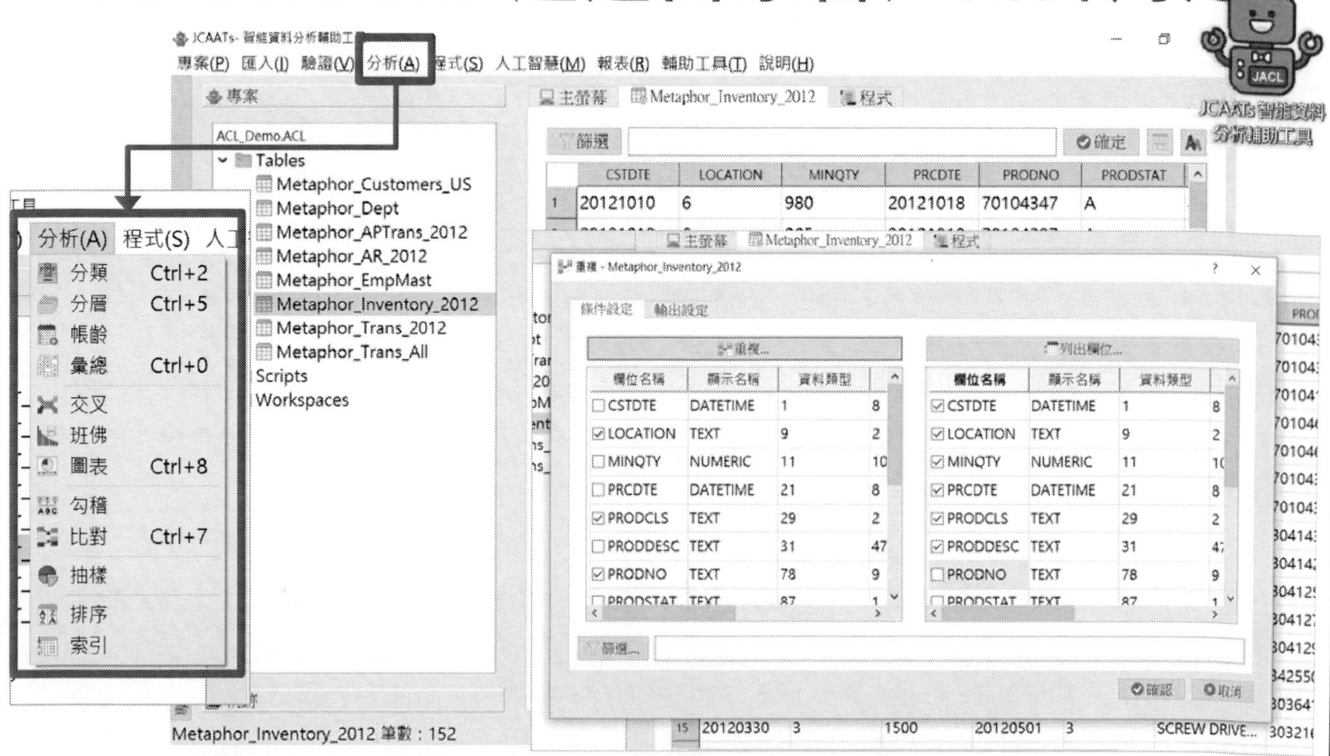

提供繁體中文與視覺化使用者介面，更多的人工智慧功能、更多的文字分析功能、更強的圖形分析顯示功能。目前JCAATs 可以讀入 ACL專案顯示在系統畫面上，進行相關稽核分析，使用最新的JACL 語言來執行，亦可以將專案存入ACL，讓原本ACL 使用這些資料表來進行稽核分析。

AICPA美國會計師公會稽核資料標準

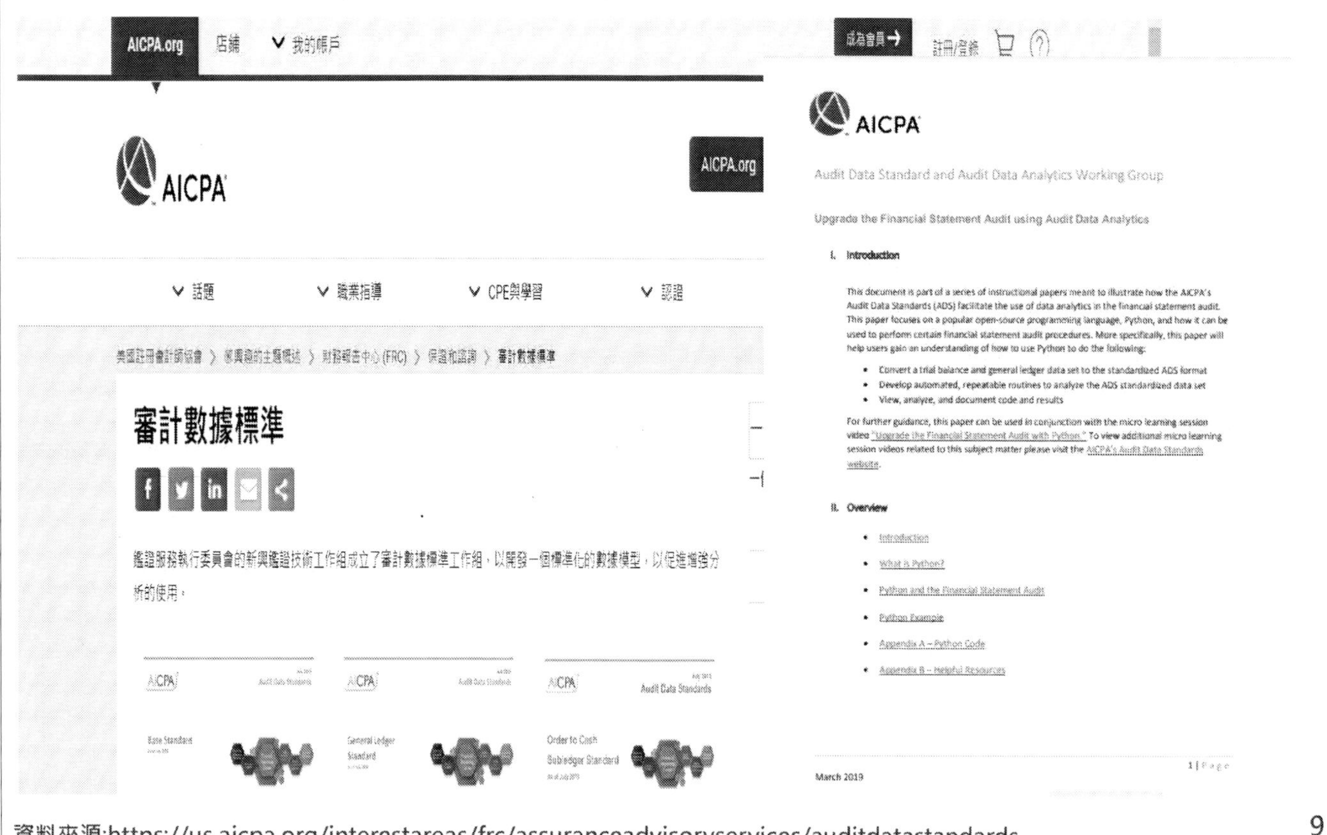

資料來源:https://us.aicpa.org/interestareas/frc/assuranceadvisoryservices/auditdatastandards

JCAATs AI人工智慧功能

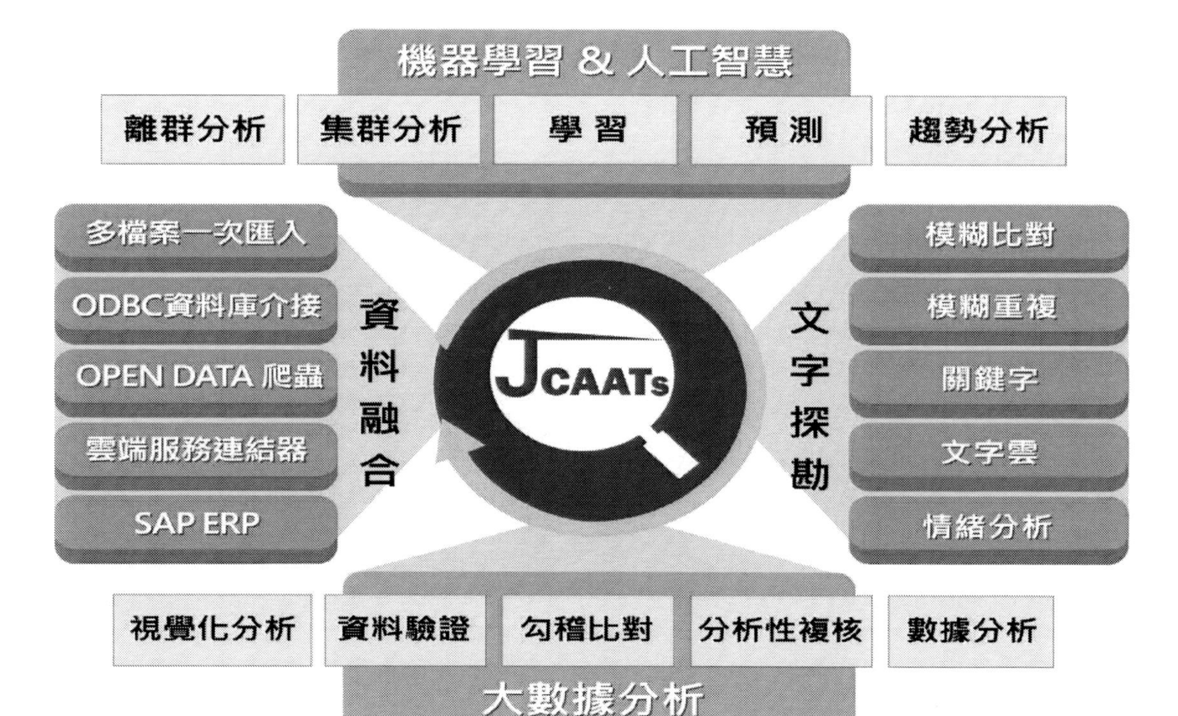

*JACKSOFT為經濟部技術服務能量登錄AI人工智慧專業訓練機構

AI人工智慧新稽核生態系

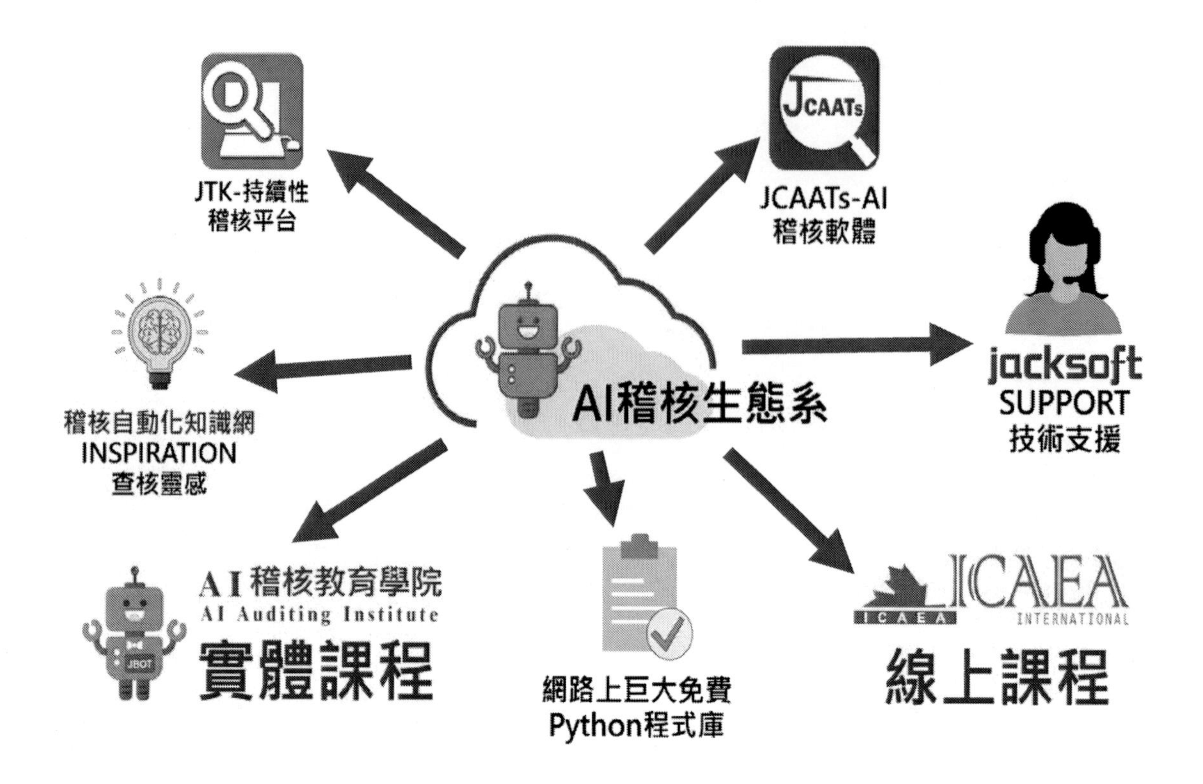

使用Python-Based軟體優點

- 運作快速
- 簡單易學
- 開源免費
- 巨大免費程式庫
- 眾多學習資源
- 具備擴充性

Python

- 是一種廣泛使用的直譯式、進階和通用的程式語言。Python支援多種程式設計範式，包括函數式、指令式、結構化、物件導向和反射式程式。它擁有動態型別系統和垃圾回收功能，能夠自動管理記憶體使用，並且其本身擁有一個巨大而廣泛的標準庫。
- Python 語言由Python 軟體基金會 (Python Software Foundation) 所開發與維護，使用OSI-approved open source license 開放程式碼授權，因此可以免費使用
- https://www.python.org/

Python

- 美國 Top 10 Computer Science (電腦科學)系所中便有 8 所採用 Python 作為入門語言。
- 通用型的程式語言
- 相較於其他程式語言，可閱讀性較高，也較為簡潔
- 發展已經一段時間，資源豐富
  - 很多程式設計者提供了自行開發的 library (函式庫)，絕大部分都是開放原始碼，使得 Python 快速發展並廣泛使用在各個領域內。
  - **各種已經寫好的機器學習範本程式很多**
  - 許多資訊人或資料科學家使用，有問題也較好尋求答案

JCAATs特點--智慧化海量資料融合

- JCAATS 具備有人工智慧自動偵測資料檔案編碼的能力，讓你可以輕鬆地匯入不同語言的檔案，而不再為電腦技術性編碼問題而煩惱。
- 除傳統資料類型檔案外，JCAATS可以**整批匯入**雲端時代常見的PDF、ODS、JSON、XML等檔類型資料，並可以輕鬆和 ACL 軟體交互分享資料。

JCAATs特點--人工智慧文字探勘功能

- 提供可以自訂專業字典、停用詞與情緒詞的功能，讓您可以依不同的查核目標來自訂詞庫組，增加分析的準確性，**快速又方便的達到文字智能探勘稽核的目標**。
- 包含多種文字探勘模式如**關鍵字、文字雲、情緒分析**、模糊重複、模糊比對等，透過文字斷詞技術、文字接近度、**TF-IDF** 技術，可對多種不同語言進行文本探勘。

AI智能查核--文字分析技術架構

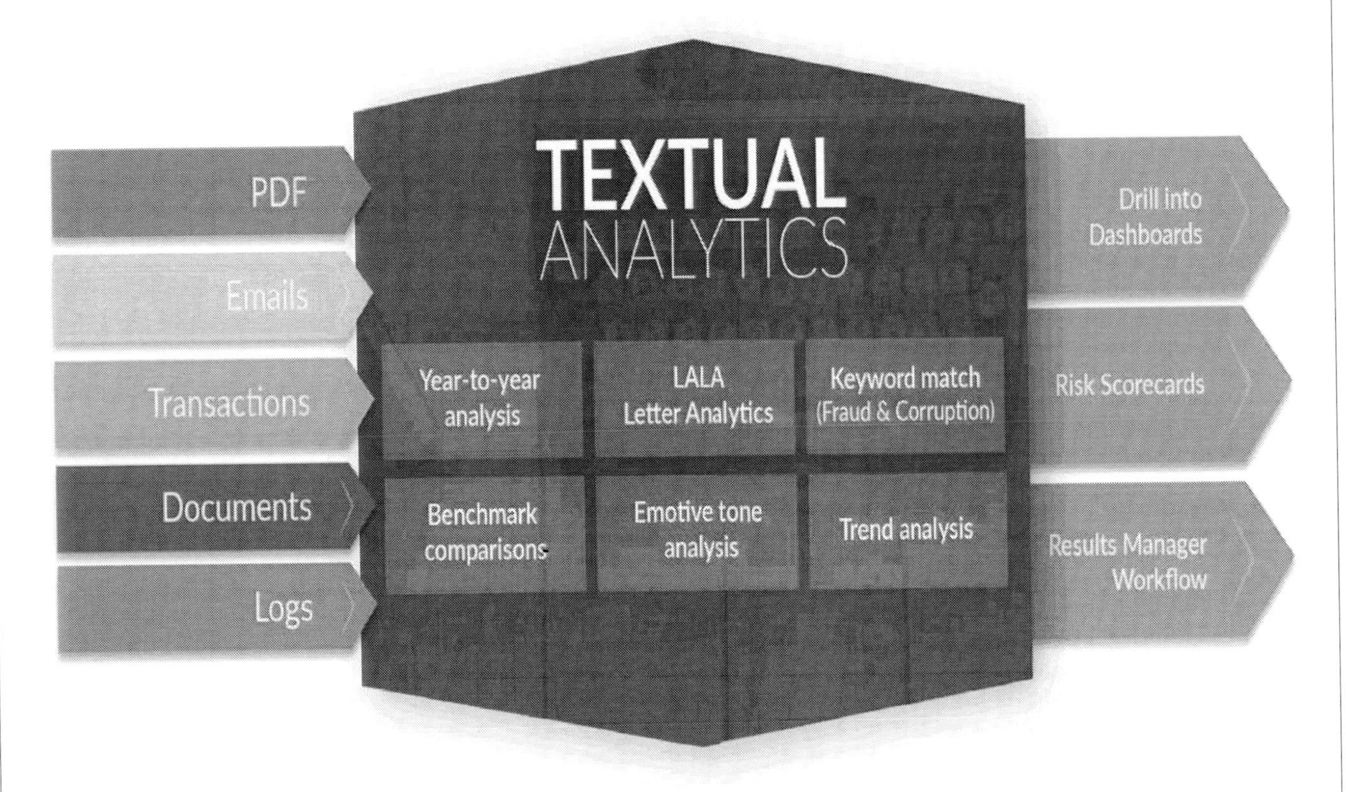

參考資料來源: ACL

文字探勘分析方法

- Keyword或黑名單勾稽比對分析
- 模糊Keyword或黑名單勾稽比對分析
- 模糊重複分析
- LALA 文字分析法
- Zif' s Law 文字分析法
- 音頻分析法(正反分析法)
- 文字趨勢分析法
- ....

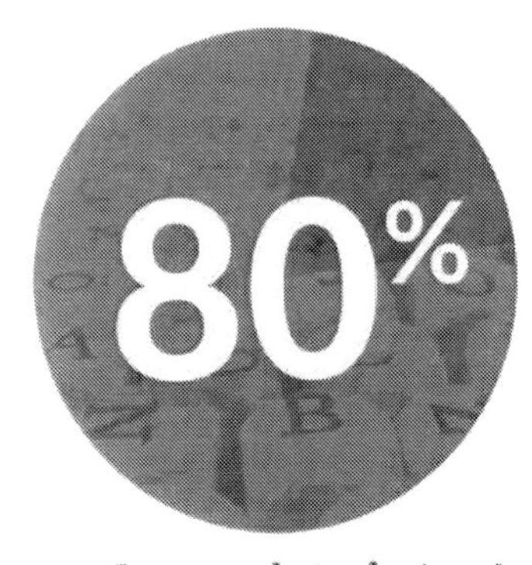

of your data is text

文字探勘技術發展趨勢

» 自然語言處理(NLP)與文字探勘(Text mining)被美國麻省理工學院MIT選為未來十大最重要的技術之一，其也是重要的跨學域研究。

» 能先處理大量的資訊，再將處理層次提升
(Ex. 全文檢索→摘要→意見觀點偵測→找出意見持有者→找出比較性意見→做持續追蹤→找出答案...

Info Retrieval→Text Mining→Knowledge Discovery

結合數位轉型技術的資料分析趨勢

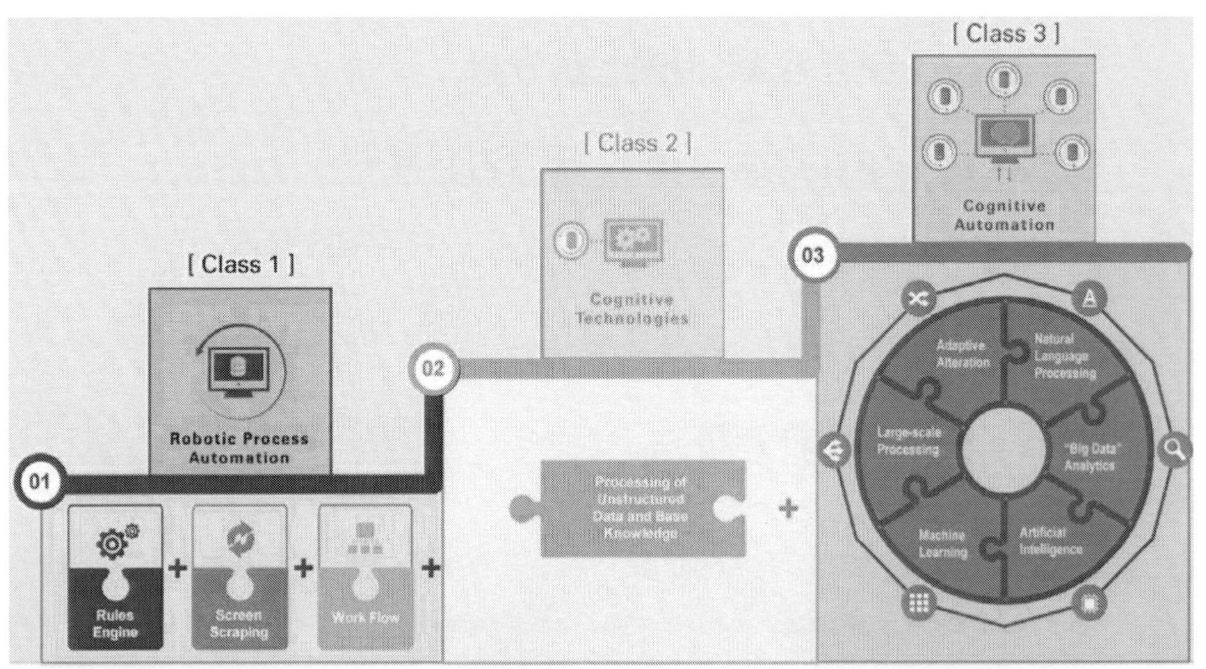

機器人流程自動化
(Robotic Process Automation, RPA)

大數據分析
(Big Data Analytics)
視覺化分析
(Visual Analytics)

機器學習(Machine Learning)
自然語言處理(NLP)
人工智慧(A.I)

電腦稽核查核大法：關鍵字或黑名單勾稽比對分析

- 用一個快速和搜尋大量的自由格式文字檔的方式來識別可疑交易，例如描述字段，黑名單或紅旗警示關鍵字。而哪些關鍵字是值得標示的，往往一行業的特性，有幾種通用要留意的，如「錯誤」，「 調整」，「 返回」等。
- 如果你第一次運用關鍵字搜索，有可能你的名單將是相當小的，但組織制定包含數千個黑名單或紅旗警示關鍵字是很常見的。
- 一些國際組織與專家也在網路上公開許多參考的名單。

查核武功秘笈- 高風險關鍵字大法

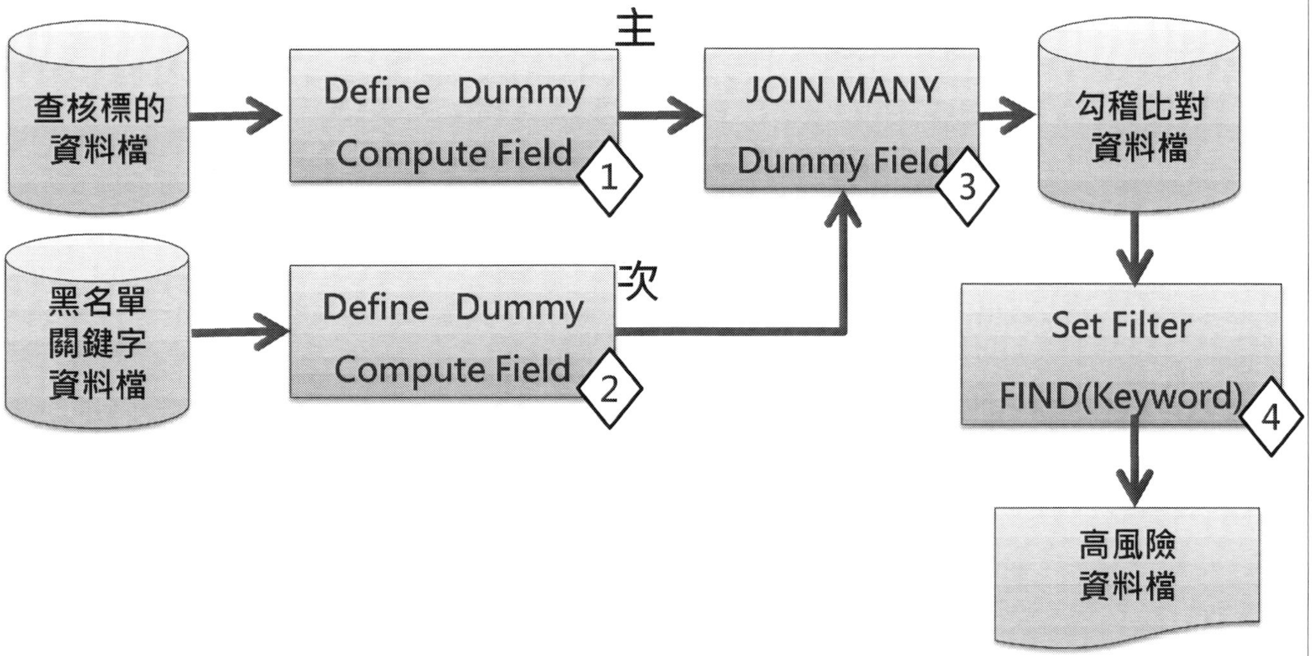

查核標的資料檔
Define Dummy Compute Field ①
主
JOIN MANY Dummy Field ③
勾稽比對資料檔
黑名單關鍵字資料檔
Define Dummy Compute Field ②
次
Set Filter FIND(Keyword) ④
高風險資料檔

黑名單關鍵字的實務應用:

關鍵字搜索可以使用在許多相關作業:

❖出差或交際費等費用開銷: 查核旅遊，娛樂，採購卡等，我們可以搜索費用說明可疑的關鍵字。

❖資訊安全查核/個資遵循等: 其中包含了weblog、email log等文件分析，我們可以搜索關鍵字，來查核員工進行非業務相關的高風險網站活動或寄送個資等。

❖公文簽核等: 如果特定的簽核文字或人員，我們可以進一步縮小搜索這個報告的問題。

❖合約審查: 查核合約是否包含有必須要的關鍵字。

這些可能是無止境的，我希望你可以在這裡學到有效的關鍵字搜尋的方法。

JCAATs 文字探勘指令：

- **模糊重複：**比對兩個字句的接近程度。
- **關鍵字：**找出文字欄位中常出現的詞或是權重字，成為查核的關鍵字，來進行更進階文字查核或比對。
- **文字雲：**功能類似關鍵字，以文字雲顯示文字的重要程度，提供文字視覺化分析。
- **情緒分析：**透過正向或負向詞的分析，累計計算判斷出文檔的情緒。
- **範例：**文字探勘在稽核應用如合約查核、工安申報查核、裁罰風險警示、黑名單比對、客戶留言風險分析、信用評核等

關鍵字 – 條件設定

- 可以對指定欄位，透過文字探勘的程序，自動進行斷詞、詞頻分析，產出此欄位之重要關鍵字，以供進行進階文字分析。

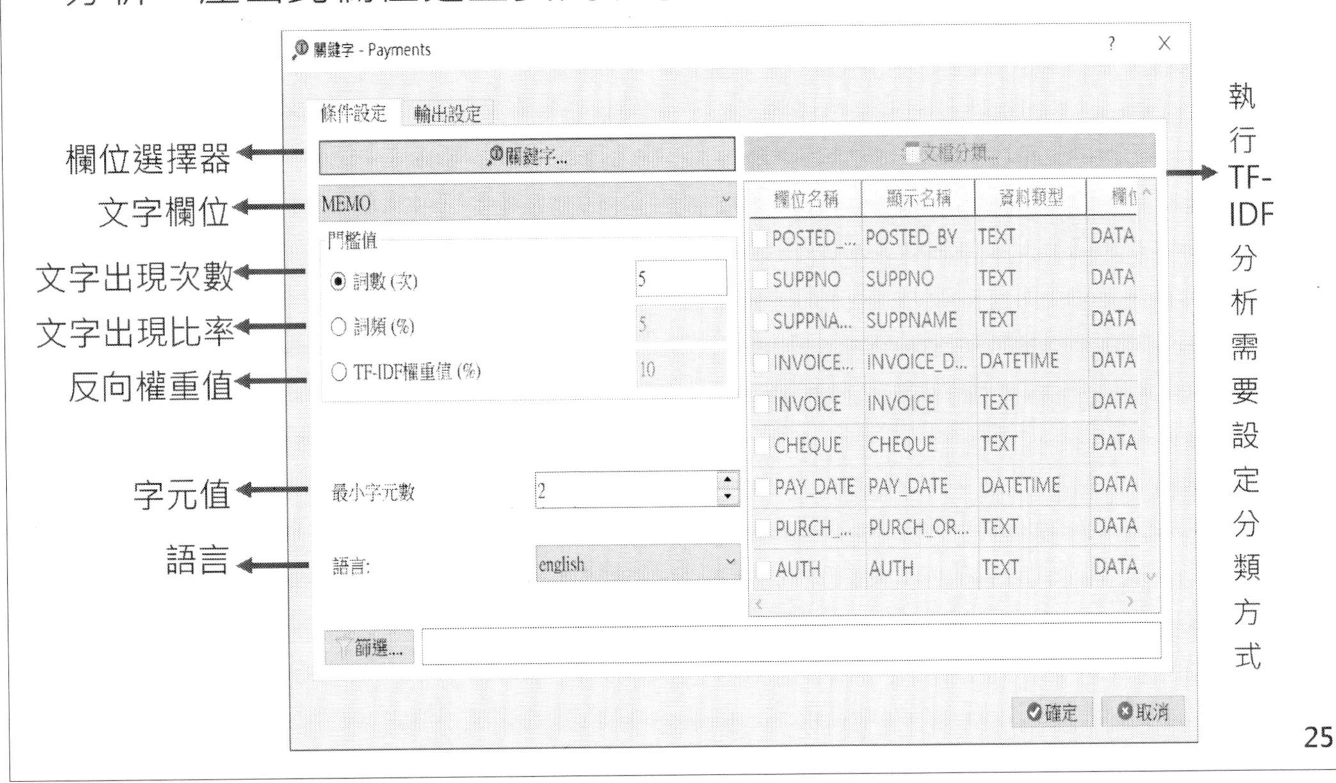

關鍵字 - 字典

- 文字探勘可以使用 **NLTK** 的標準字典或是自訂字典。
  自訂字典：使用工具>>字典管理，上傳字典檔。

關鍵字 - 文字分析法

1. 建立 停用詞(STOPWORD)：

1) 先不選字典和停用詞列出關鍵字，讓使用者先了解AI系統出來的結果
2) 若是判斷出來關鍵字有許多數字與符號，可以選系統建立的停用詞數字和符號來增加關鍵字精確度
3) 匯出關鍵字，將不適合的關鍵字列為停用詞

2. 建立 自訂字典(Dictionary)：

1) 先不選字典和選停用詞列出關鍵字(詞組 ngram_range 1:1)的詞
2) 先不選字典和選停用詞列出關鍵字(詞組 ngram_range 1:2)的詞
3) 判斷是否有需要合併或是修正的關鍵字， 放入自訂字典檔中

文字雲 – 條件設定

1) 使用**詞數**或**詞頻**先選字典和選停用詞列出關鍵字與文字雲，分析最常出現的重要關鍵字出現處
2) 使用**TF-IDF(權重值)**，選擇文件分類的欄位，選字典和選停用詞列出關鍵字與文字雲，分析權重高特徵關鍵字

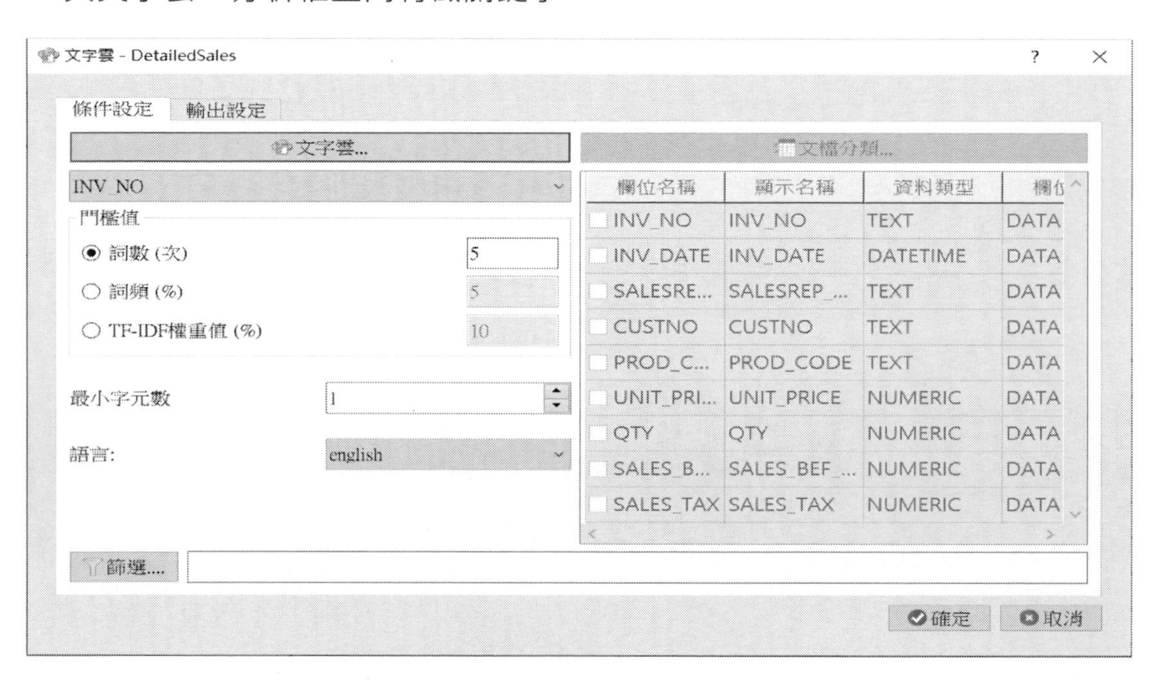

文字雲 - 結果圖

- 提供以特殊文字雲方式顯示關鍵字，其使用方式同關鍵字，關鍵字圖塊越大，代表其關鍵字值越大。

補充 - 文字探勘語言包

- JCAATs 基本使用 NLTK 語言分析。

- 對於一些亞洲文字類語言， 使用下列的語言包:
  - 中文(繁體與簡體): import jieba
  - 日文(Japanese): import nagisa
  - 韓文(Korean): KoNLPy#

- 情緒字典: 大部分國家都有發展自己的情緒字典，可以到GitHub上去下載來裝到JCAATs上使用。

注意: 標準系統僅安裝有 NLTK 和 jieba 語言包， 其他語言包需要客製安裝，否則無法顯示正確字體於系統畫面上。

電腦稽核專案六步驟

1.專案規劃：透過專案規劃，協助稽核人員明訂查核目標，了解需要取得資料，電腦稽核查核結果，可提供稽核人員營運風險分析的基礎，並可透過必要步驟引導，以達成接續各階段的查核目標。

2.獲得資料：透過與權責單位協同合作，取得必要的查核資料，並符合相關的資安規定，JCAATs提供Table Layout 定義功能，標示來源資料的位置與格式定義，讓專案可透過建立好的邏輯定義，獲得資料進行查核。

3.讀取資料：JCAATs提供多種資料讀取的方式，讓稽核人員可以輕鬆的讀取各種不同來源的資料。

4.驗證資料：JCAATs提供多種資料驗證的指令，協助檢查受查資料，確認是否有包含損壞的資料、資料格式適當、資料完整和可靠。

5.分析資料：透過JCAATs分析指令與函式，可以協助稽核人員簡易快速的處理分析資料並發掘異常狀況，完成查核目的。

6.報表輸出：JCAATs針對分析結果，提供視覺化報表，提升稽核人員製作分析報告製作的效果與效率。

專案規劃

查核項目	法令遵循	存放檔名	**高風險合約查核**
查核目標	運用文字探勘技術進行**合約內容智能審查**，避免合約控制失效衍生重大營運風險。		
查核說明	彙整待審查合約，運用文字探勘文字雲、關鍵字、模糊匹配等人工智慧協助快速找出高風險合約，以利深入查核確保法令遵循。		
查核程式	**1. PDF合約匯入：透過AI人工智慧稽核軟體匯入PDF合約。** **2. PDF合約資料準備：將PDF合約進行資料融合整理以利後續分析查核。** **3. 高風險合約文字探勘文字雲分析：運用AI人工智慧文字雲分析，透過TF-IDF等演算法快速找出高風險需深入查核合約。** **4. 高風險合約文字探勘關鍵字分析：運用AI人工智慧文字探勘，快速找出合約高風險關鍵字。** **5. 合約遵循查核關鍵字模糊比對：運用AI人工智慧 Fuzzy Match方式，查核合約內容是否遵循相關法令規定。**		
資料檔案	ＰＤＦ或掃描之相關合約相關檔、高風險關鍵字等		
所需欄位	請另詳稽核資料倉儲相關文件		

AI Audit Expert

上機實作演練一：PDF 單一資料檔匯入 JCAATs練習

一.新增JCAATs專案檔

1. 新建資料夾
2. 點選 JCAATs-AI稽核軟體
3. 點「專案>選新增專案」
4. 設定專案名稱
5. 存檔

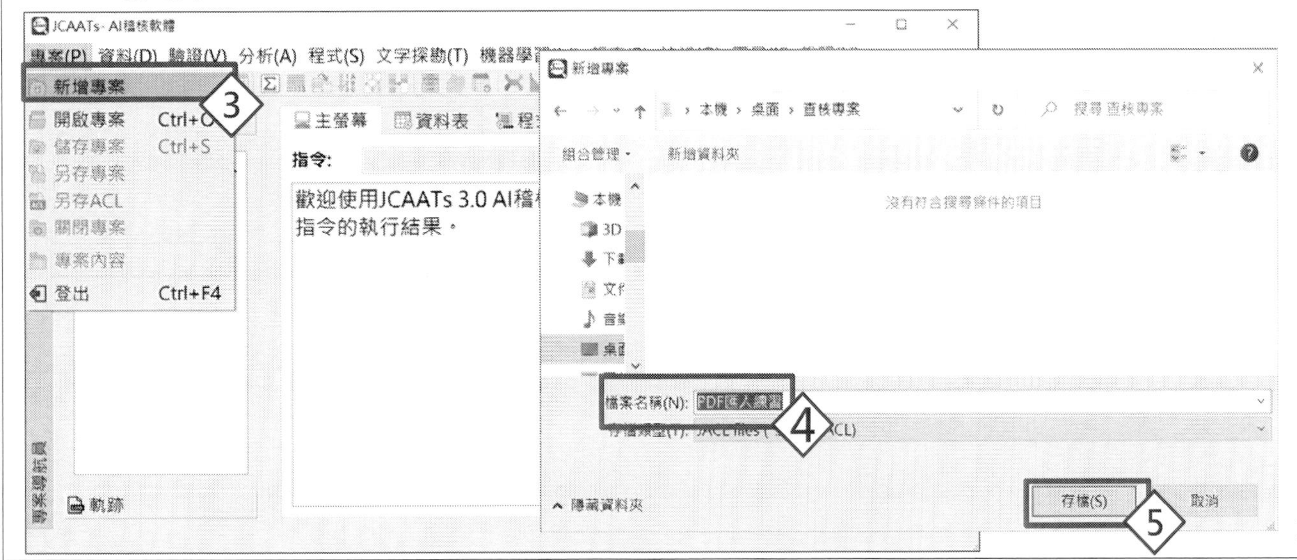

二.新增資料表-STEP1：資料表來源

- 點「資料>新增資料表」
- 選擇資料來源平台為「檔案」
- 選擇下一步

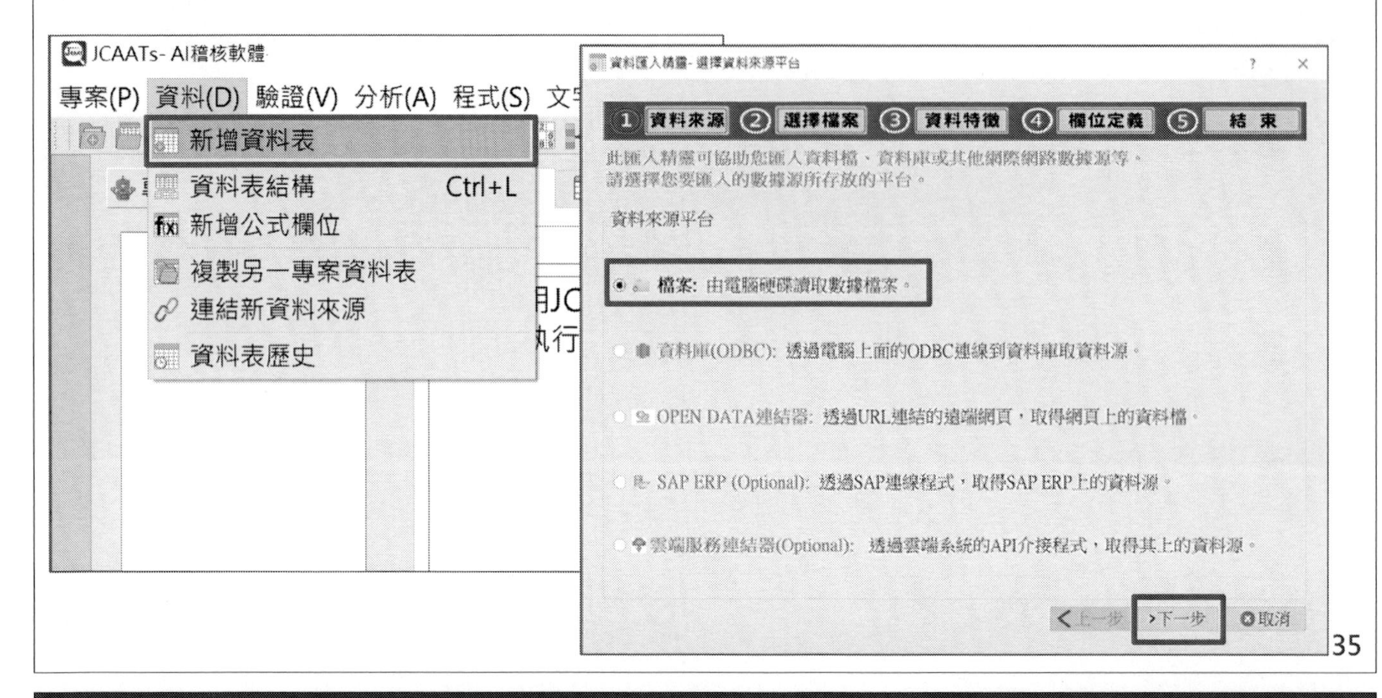

二.新增資料表-STEP2：選擇資料檔

- 選擇檔案路徑，並選取所需匯入的資料
- 選擇完畢後，點選開啟

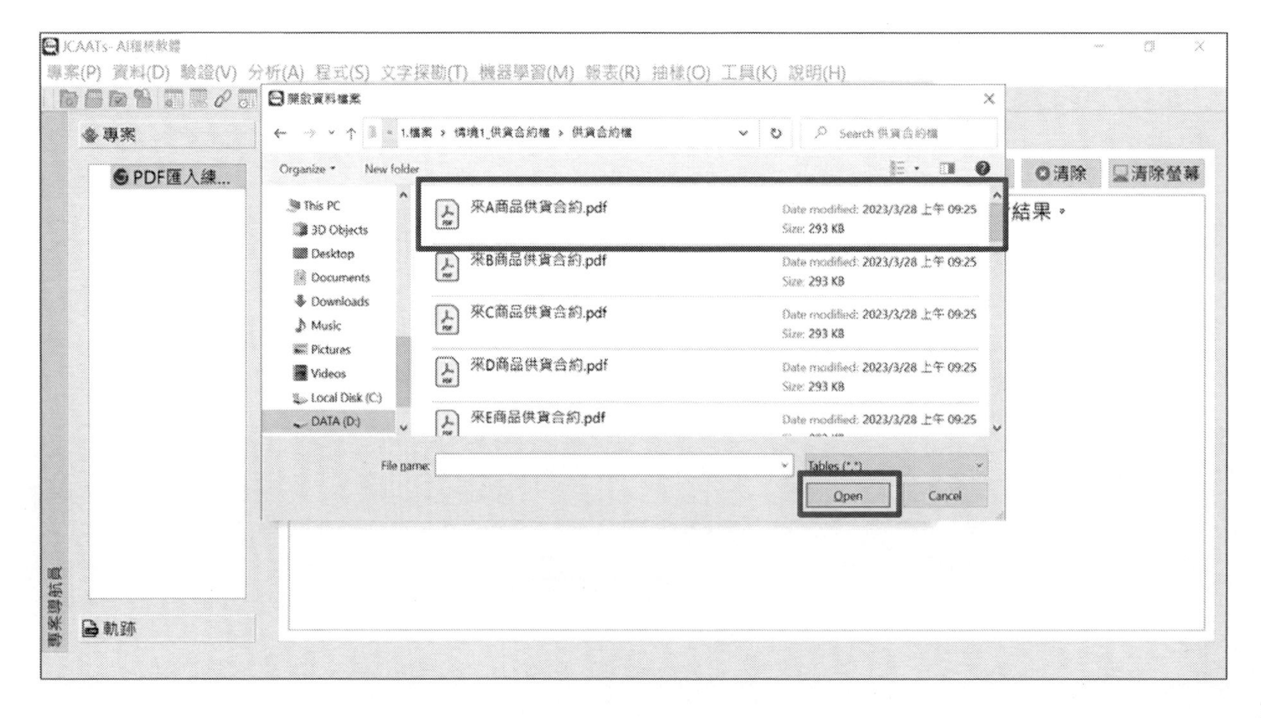

二.新增資料表-STEP2：確認檔案類型

- 資料檔案類型：會自動偵測檔案格式，確定沒問題點選下一步

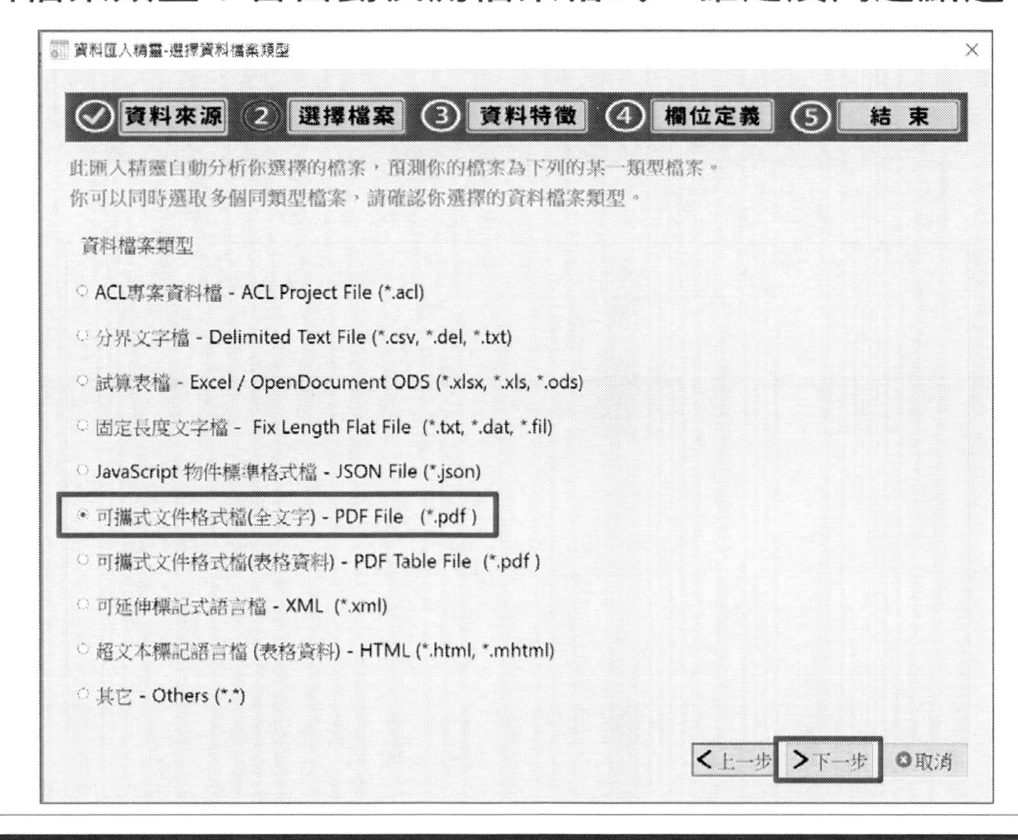

二.新增資料表-STEP3：辨識資料特徵

- 資料特徵：會自行判斷檔案編碼方式，這裡可以設定PDF檔案要匯入的頁數與行數等，內容會顯示於下方。
- 設定完畢後點選「下一步」

二.新增資料表-STEP4：設定欄位定義

- 欄位定義：可設定每個欄位的欄位名稱、顯示名稱、資料類型與資料格式，設定完畢後選擇「下一步」

	pageno	column	lineno	linetext
0	0	1	0	商品供貨合約書
1	0	1	1	
2	0	1	2	立合約書人 ...
3	0	1	3	(以下簡稱乙方) ...
4	0	1	4	協議如下：第一...
5	0	1	5	1.自民國 年 ...
6	0	1	6	2.合約期滿時，...
7	0	1	7	契約外，視為自...
8	0	1	8	年，嗣後亦同。

二.新增資料表-STEP5：預覽後完成

- 結束：確認欄位格式與型態等資訊，若沒問題選擇「完成」

欄位名稱	顯示名稱	資料類型	欄位型態	開始位置	長度	小數點	格式
pageno	pageno	NUMERIC	DATA	0	2	0	999999999
column	column	NUMERIC	DATA	2	2	0	0
lineno	lineno	NUMERIC	DATA	4	4	0	0
linetext	linetext	TEXT	DATA	8	158		

三.PDF檔案匯入後結果

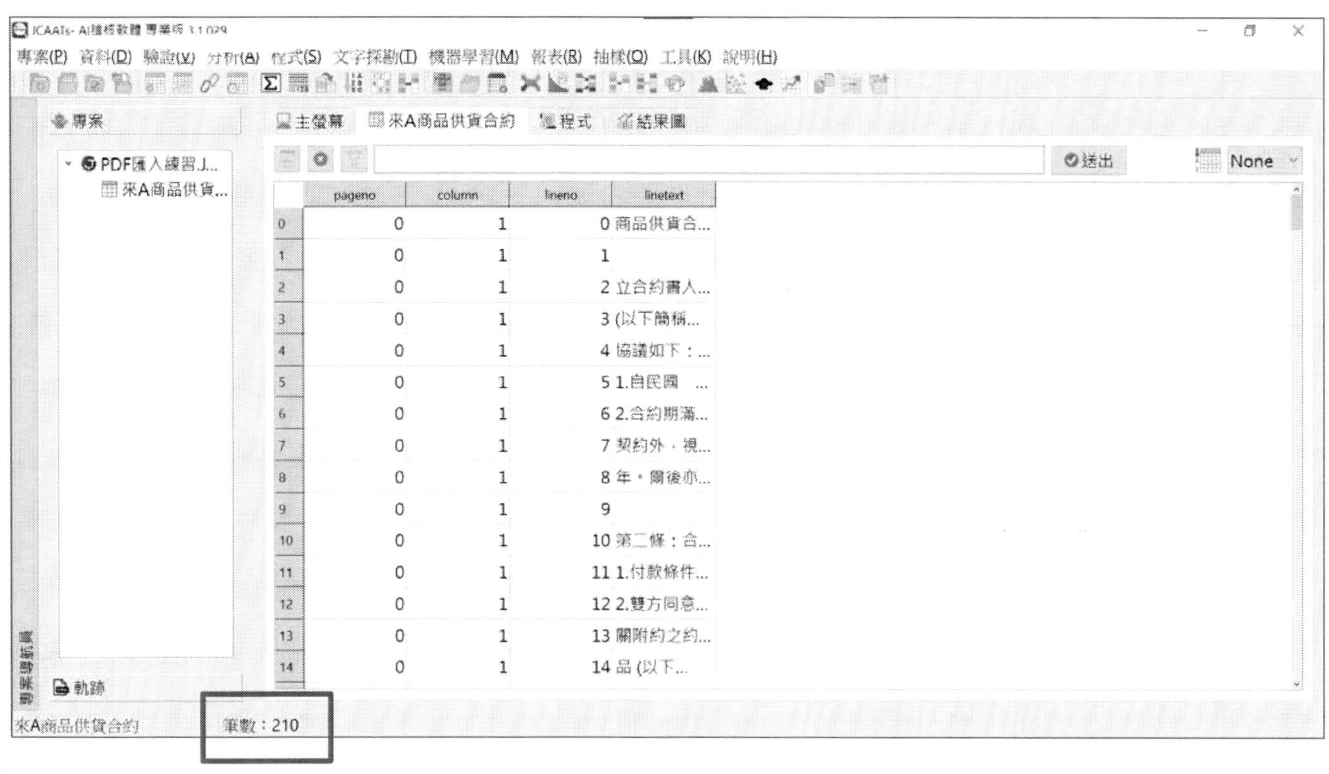

	pageno	column	lineno	linetext
0	0	1	0	商品供貨合...
1	0	1	1	
2	0	1	2	立合約書人...
3	0	1	3	(以下簡稱...
4	0	1	4	協議如下：...
5	0	1	5	1.自民國 ...
6	0	1	6	2.合約期滿...
7	0	1	7	契約外，視...
8	0	1	8	年，爾後亦...
9	0	1	9	
10	0	1	10	第二條：合...
11	0	1	11	1.付款條件...
12	0	1	12	2.雙方同意...
13	0	1	13	關附約之約...
14	0	1	14	品 (以下...

共有210筆資料

上機實作演練二：多份PDF 合約匯入JCAATs練習

資料來源:供貨合約檔

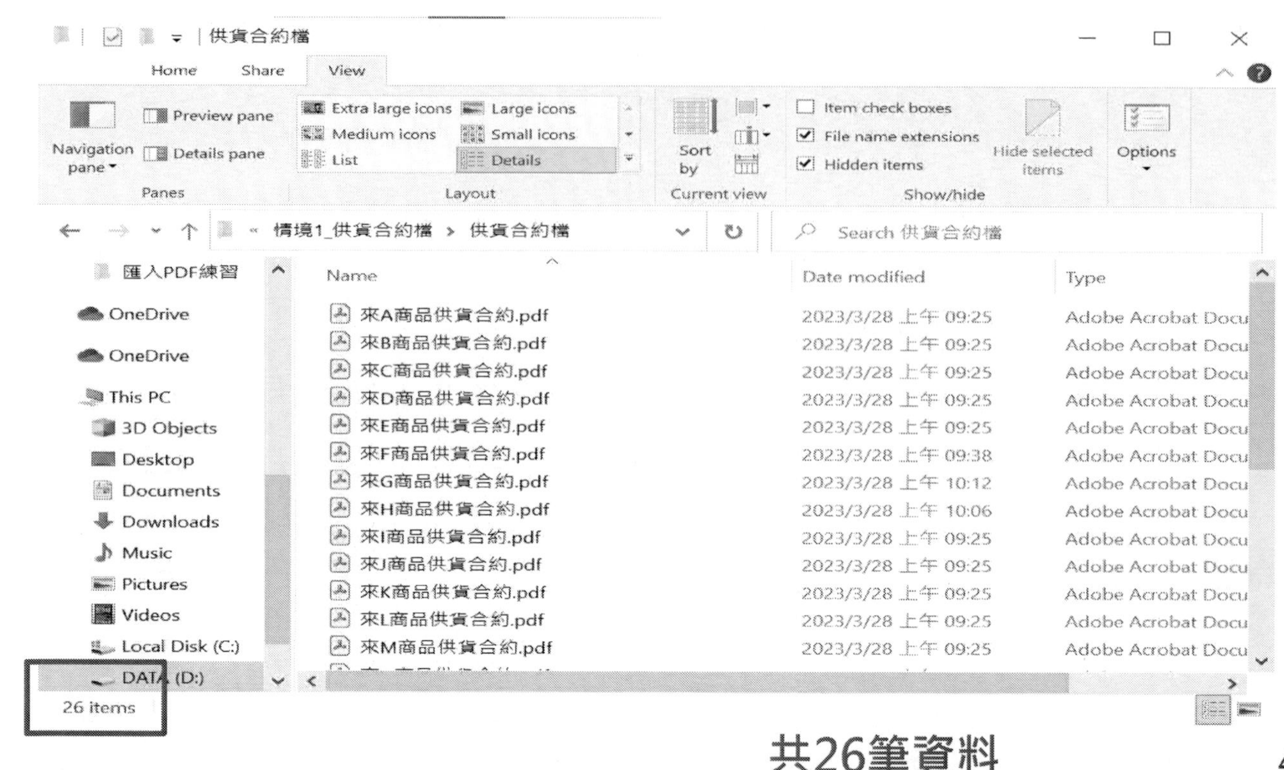

共26筆資料

一.新增JCAATs專案檔

1. 新建資料夾
2. 點選 JCAATs-AI稽核軟體
3. 點「專案>選新增專案」
4. 設定專案名稱
5. 存檔

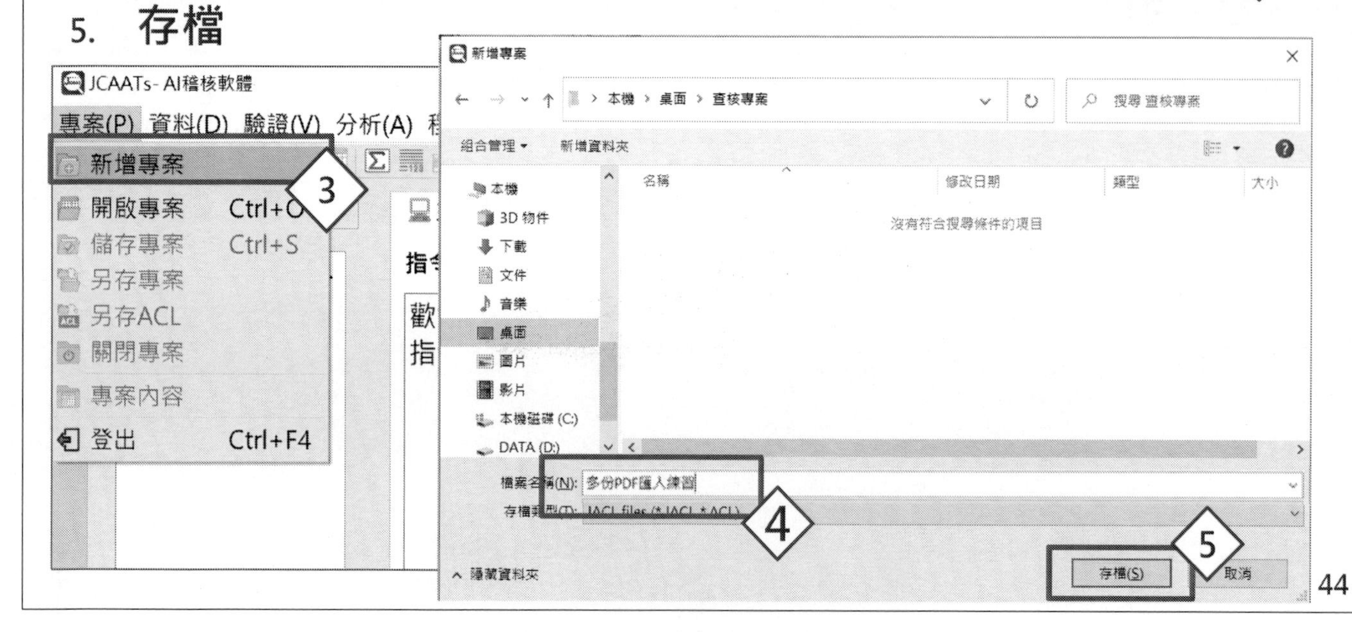

二. 新增資料表 STEP1：選擇資料來源

- 點「資料>新增資料表」
- 選擇資料來源平台為「檔案」
- 選擇下一步

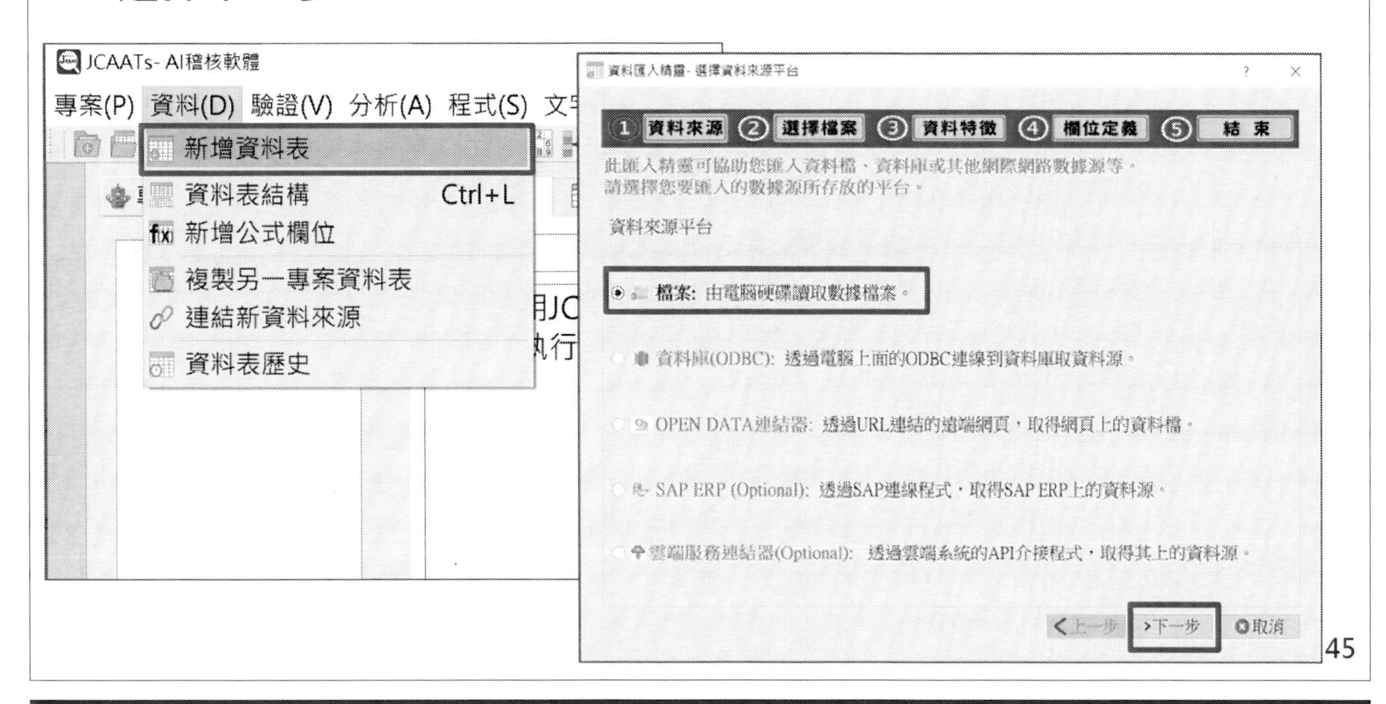

JCAATs-AI Audit Software
Copyright © 2023 JACKSOFT.

二. 新增資料表 STEP2：選擇檔案

- 選擇檔案路徑，並選取所需匯入的資料(可以Ctrl+A全選)
- 選擇完畢後，點選開啟

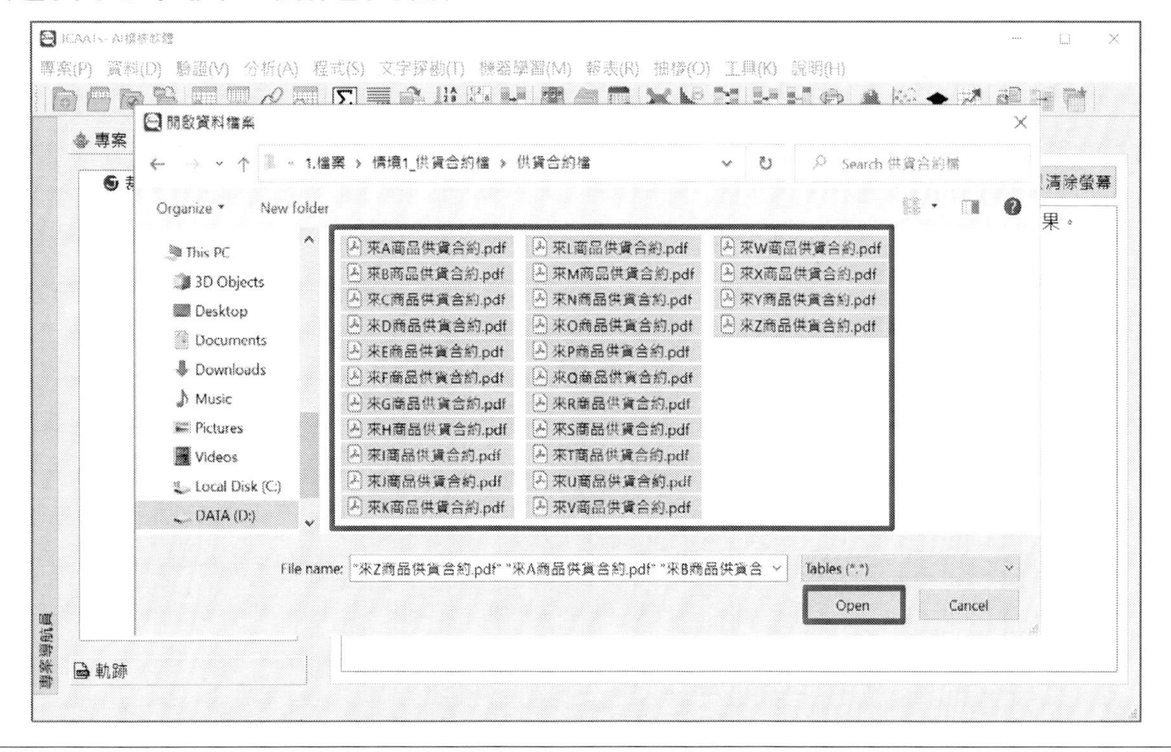

二. 新增資料表 STEP2：確認檔案類型

- 資料檔案類型：會自動偵測檔案格式，確定沒問題點選下一步

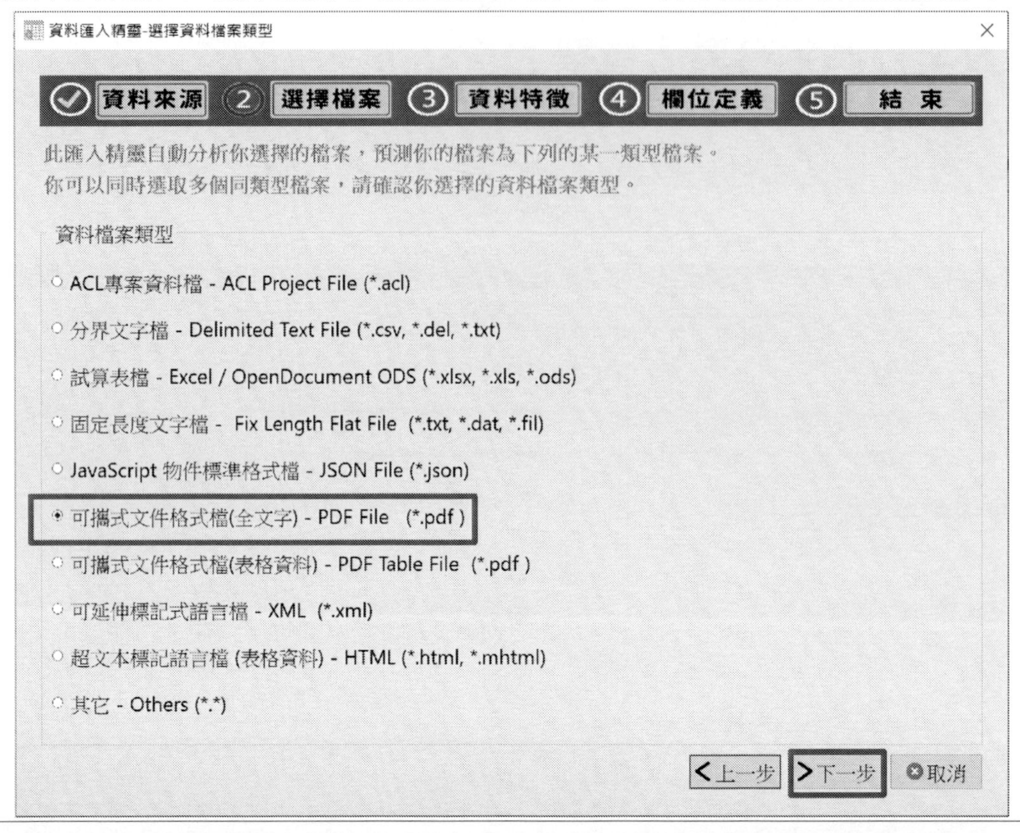

二. 新增資料表 STEP3：辨識資料特徵

- 資料特徵：會自行判斷檔案編碼方式，這裡可以設定PDF檔案要匯入的頁數與行數等，內容會顯示於下方。
- 設定完畢後點選「下一步」

二. 新增資料表 STEP4：設定欄位定義

- 欄位定義：可設定每個欄位的欄位名稱、顯示名稱、資料類型與資料格式，設定完畢後選擇「下一步」
- 備註：若為整批匯入，以第一份檔案預設設定為主

JCAATs-AI Audit Software Copyright © 2023 JACKSOFT.

二. 新增資料表 STEP5：預覽後完成

- 結束：確認欄位格式與型態等資訊，若沒問題選擇「完成」

三.PDF 整批資料檔匯入資料後結果

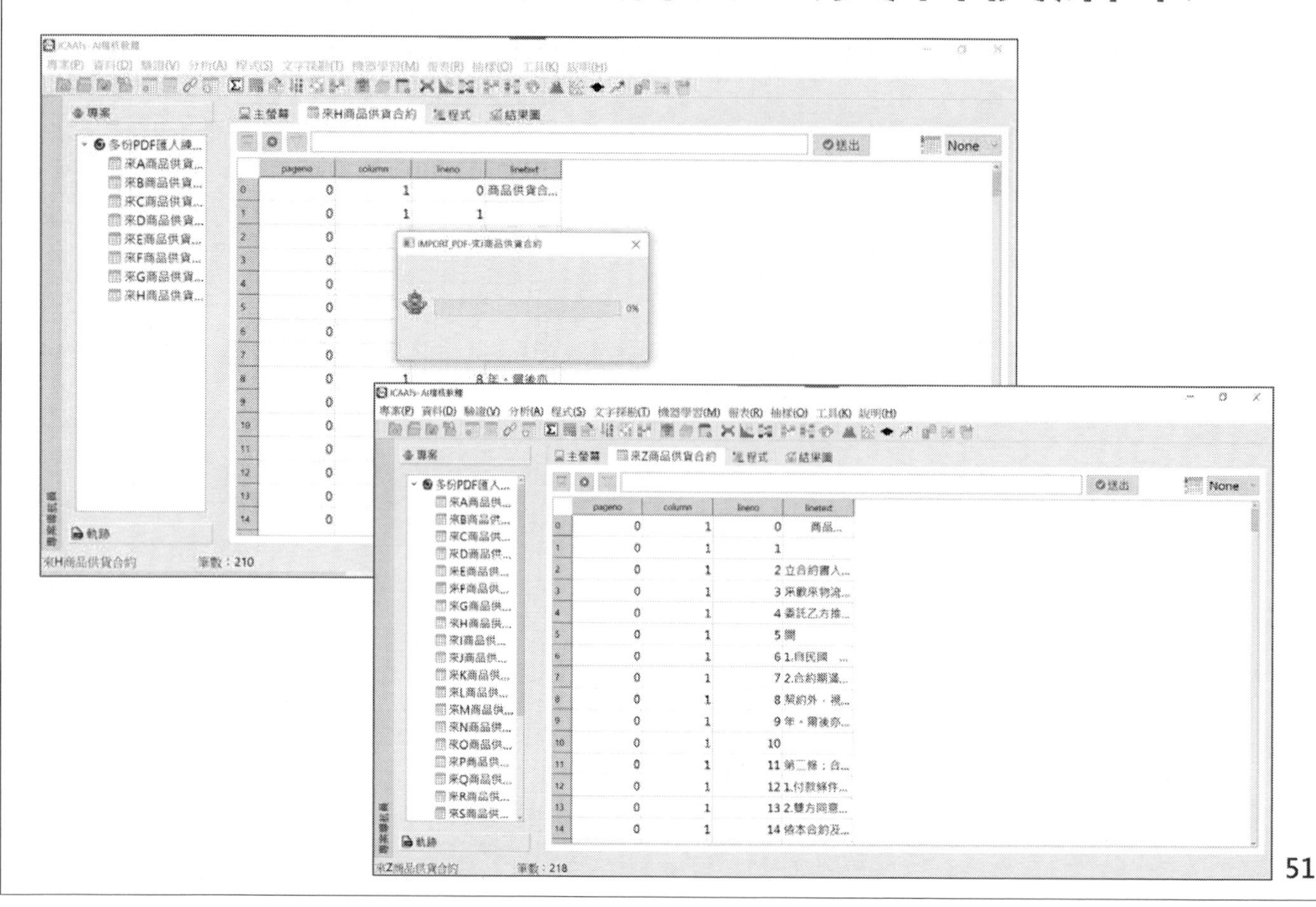

jacksoft | AI Audit Expert

www.jacksoft.com.tw

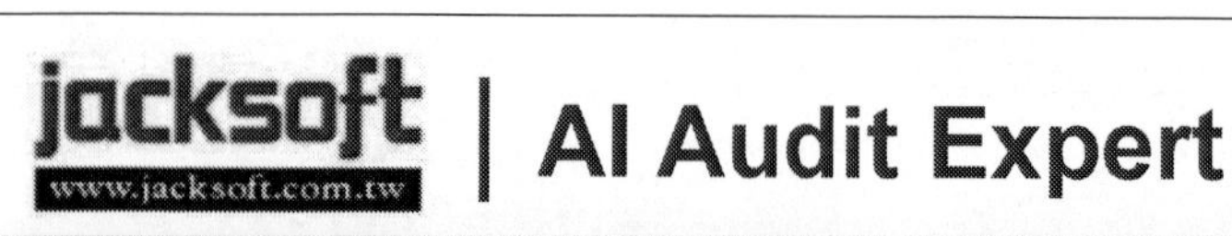

四.匯入資料合併整理

Step 1 ：停在主表，並點選 報表 > 合併

Step2：點選 附加資料表，選擇所需新增合併的資料表

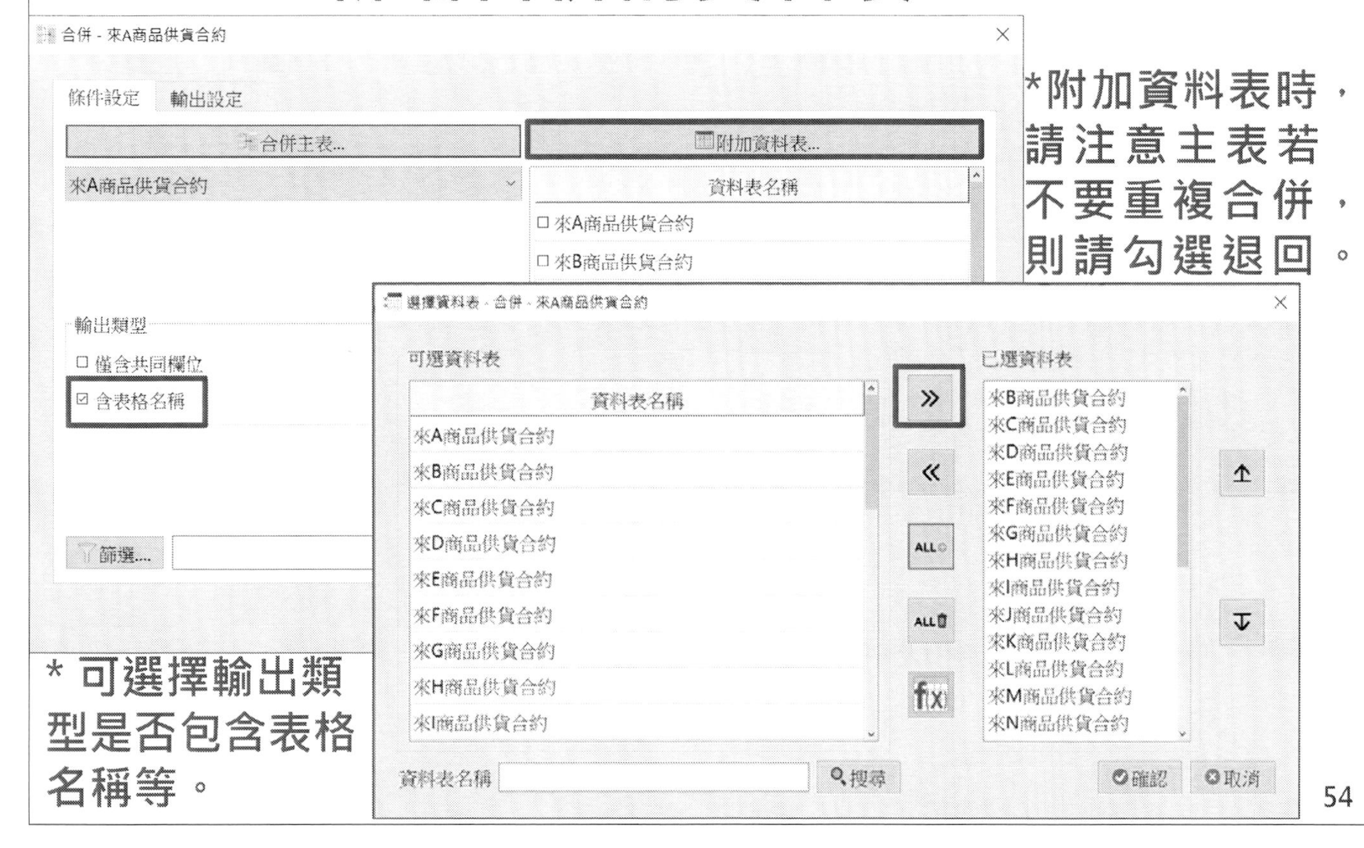

Step3：點選 輸出設定，設定匯出資料表名稱

Step4：檢查資料合併後結果

AI Audit Expert

五、匯入資料完整性驗證

Step1:資料驗證 - 以驗證(Verify)為例

- 開啟 供貨合約彙整，點選「驗證>驗證」

資料驗證 - 以驗證(Verify)為例

- 開啟「驗證」選擇欄位，點 ALL 後按確認，將所有欄位進行驗證

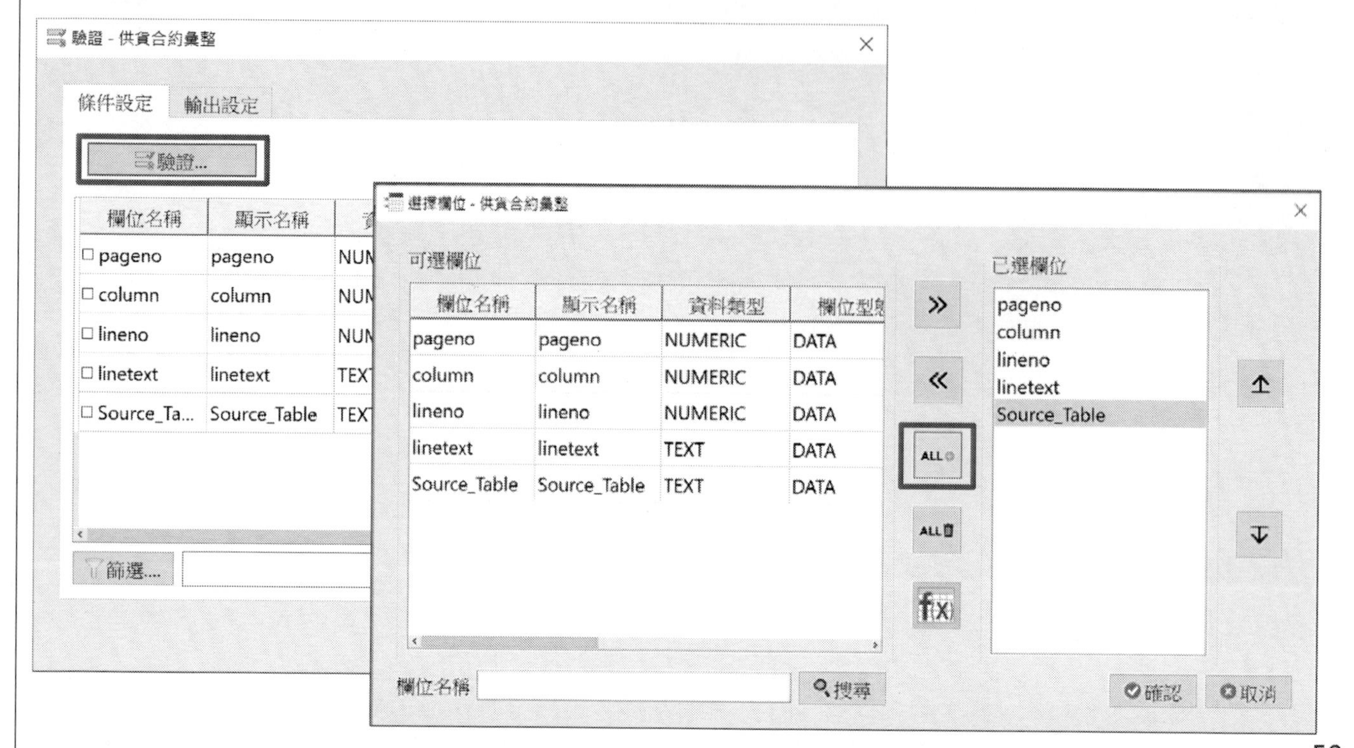

資料驗證 - 驗證(Verify)執行結果

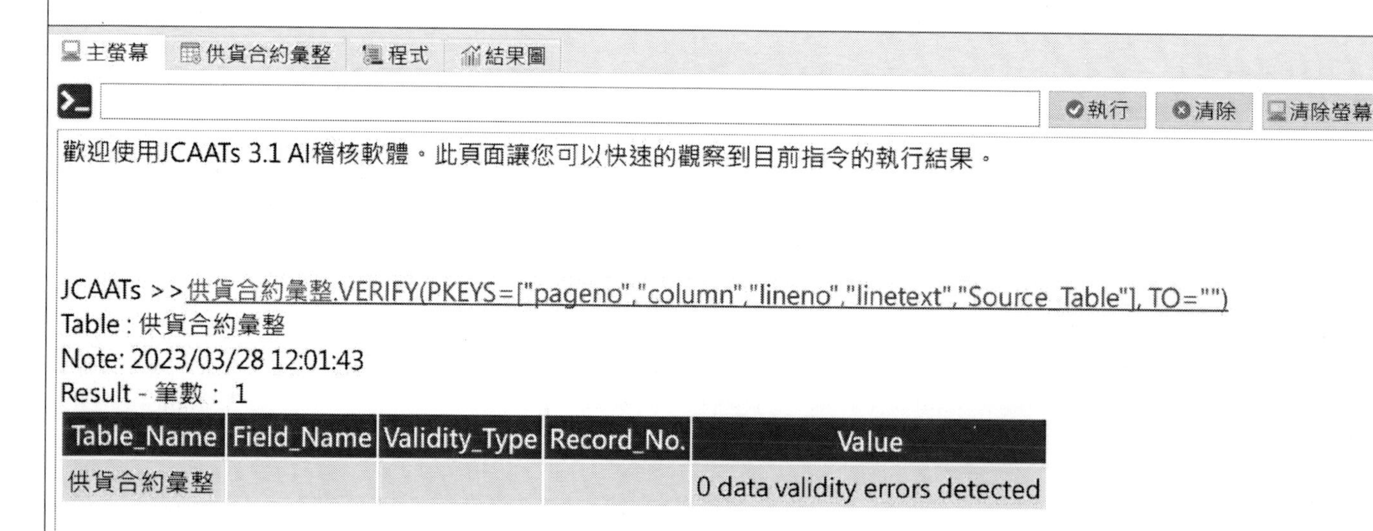

驗證無誤。

Step2: 資料驗證 - 以計數(Count)為例

- 開啟供貨合約彙整，點選「驗證>計數」

資料驗證 - 以計數(Count)指令為例

- 對資料表進行「計數」，以利進行控制總數驗證，點選確認。

執行結果可於主螢幕瀏覽，歷史紀錄若有需要清楚，可選擇「清除螢幕」

Step3:資料驗證 - 以分類(Classify)為例

開啟裁罰案件全資料，點選「分析>分類」

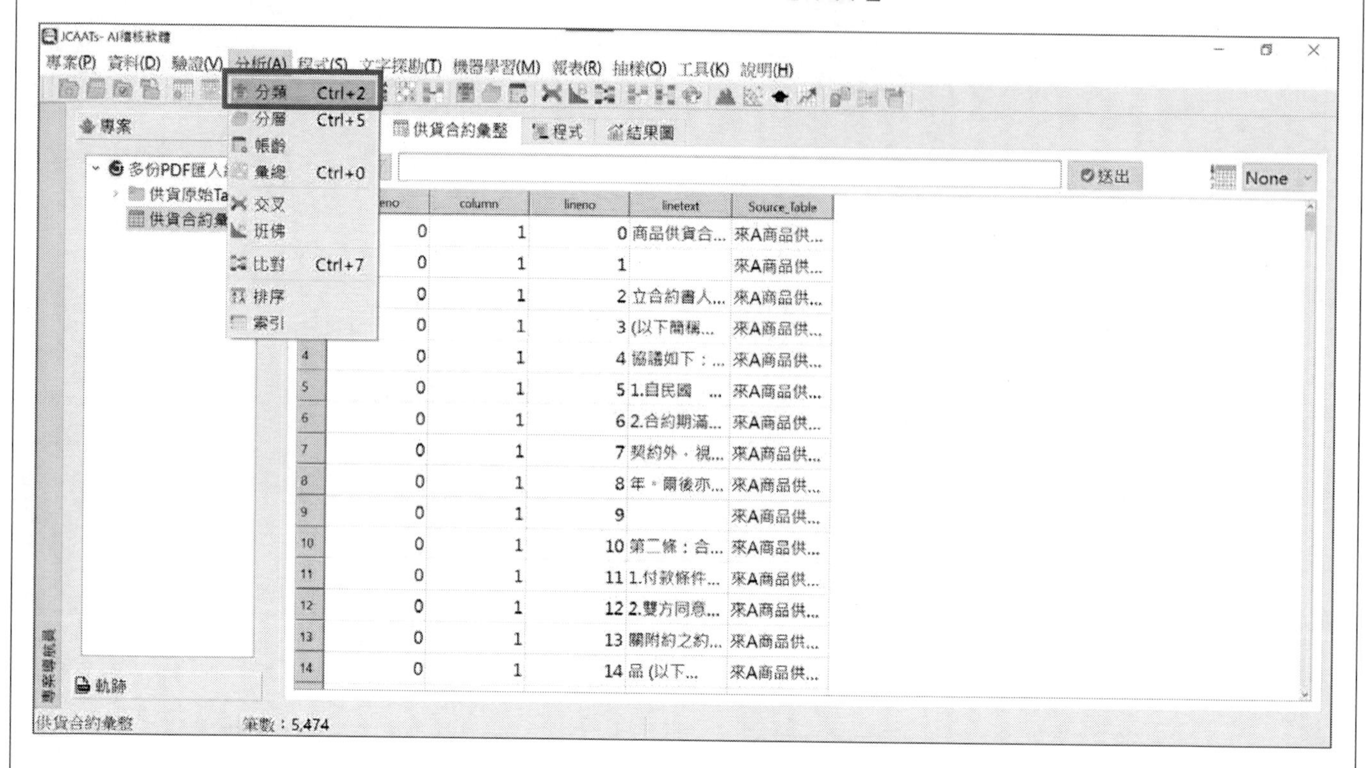

資料驗證 - 以分類(Classify)為例

點選「分類」選擇欄位Source_Table。

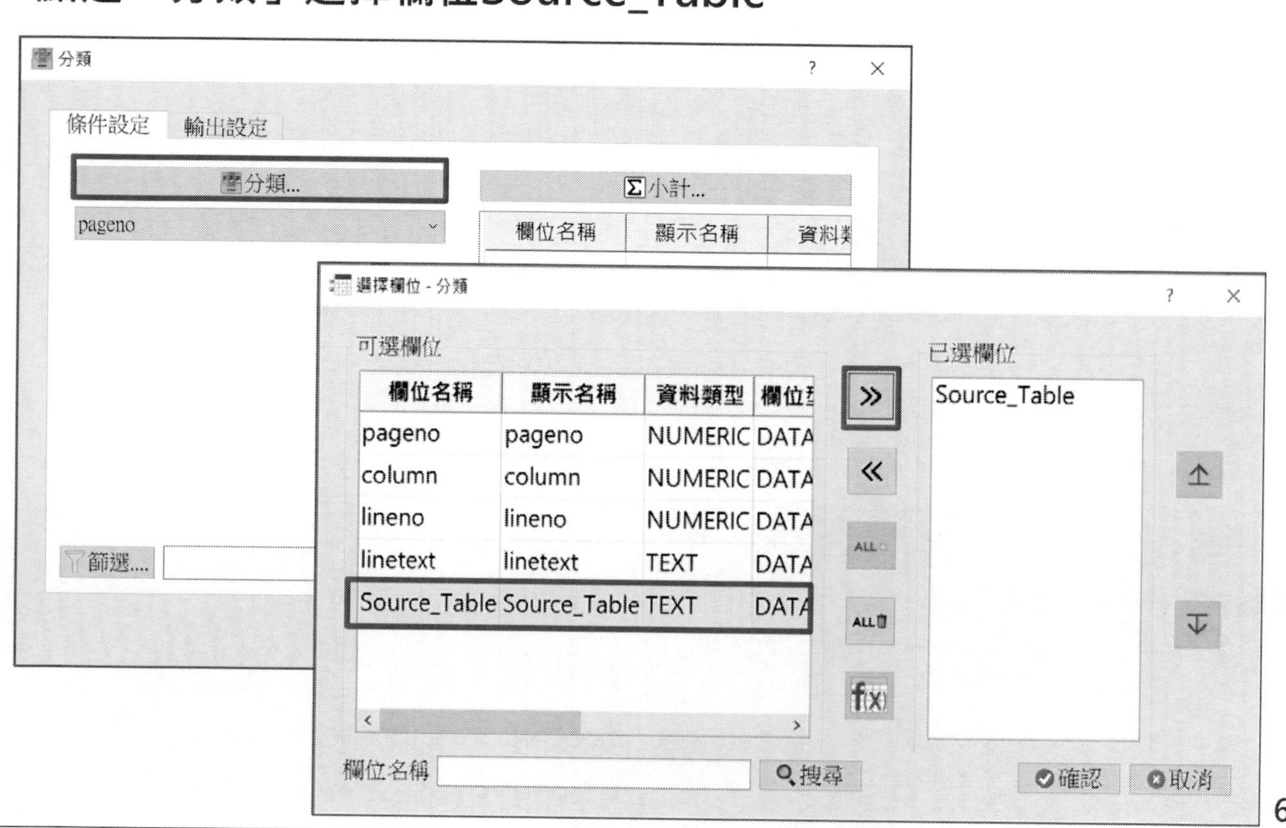

資料驗證 - 以分類(Classify)為例

- 點選「輸出設定」，將資料表取名為供貨合約數。

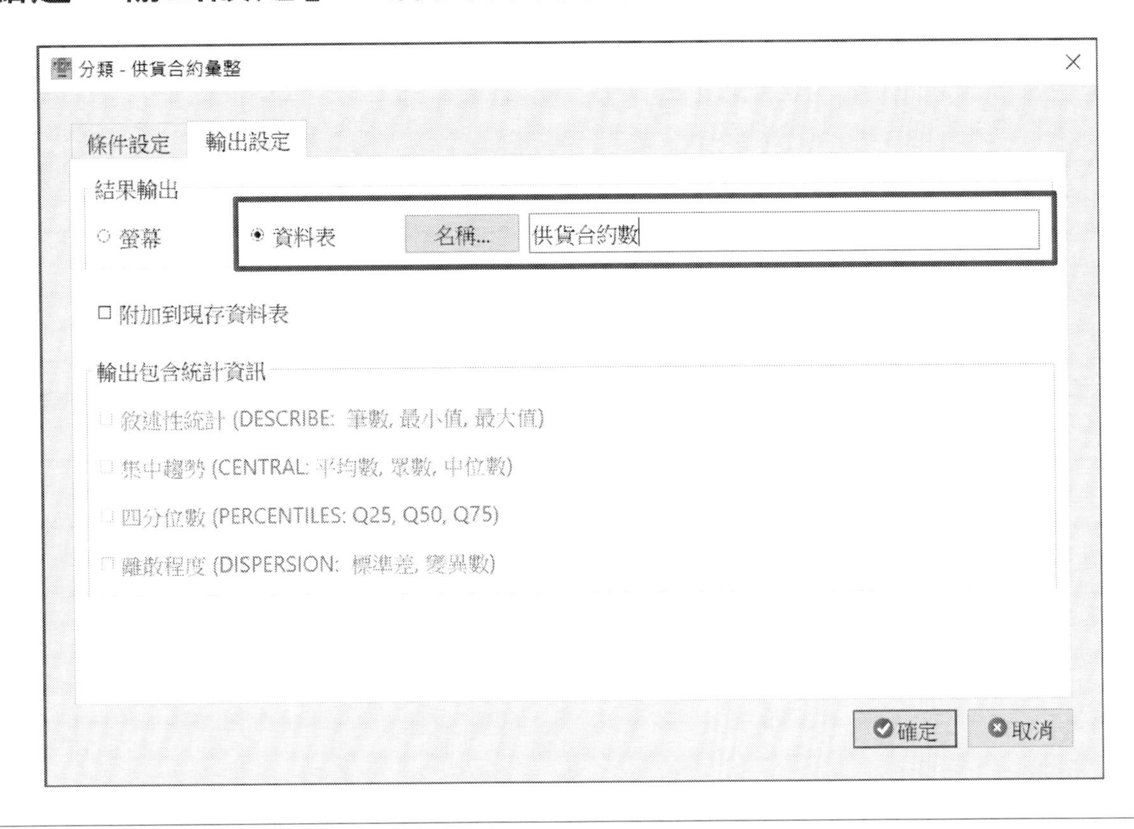

資料驗證 - 以分類(Classify)驗證結果

	Source_Table	Source_Table_count	Percent_of_count
0	來A商品供貨合約	210	3.84
1	來B商品供貨合約	210	3.84
2	來C商品供貨合約	210	3.84
3	來D商品供貨合約	210	3.84
4	來E商品供貨合約	210	3.84
5	來F商品供貨合約	213	3.89
6	來G商品供貨合約	210	3.84
7	來H商品供貨合約	210	3.84
8	來I商品供貨合約	210	3.84
9	來J商品供貨合約	210	3.84
10	來K商品供貨合約	210	3.84
11	來L商品供貨合約	210	3.84
12	來M商品供貨合約	210	3.84
13	來N商品供貨合約	210	3.84
14	來O商品供貨合約	210	3.84

驗證結果：5,474筆來自26個檔案，與匯入資料檔案數相符

上機實作演練三：高風險合約文字探勘 文字雲分析

查核目標：
使用文字雲分析TF-IDF
是否有特別權重字需要注意的風險

資料分析流程圖-查核武功秘笈:文字雲分析

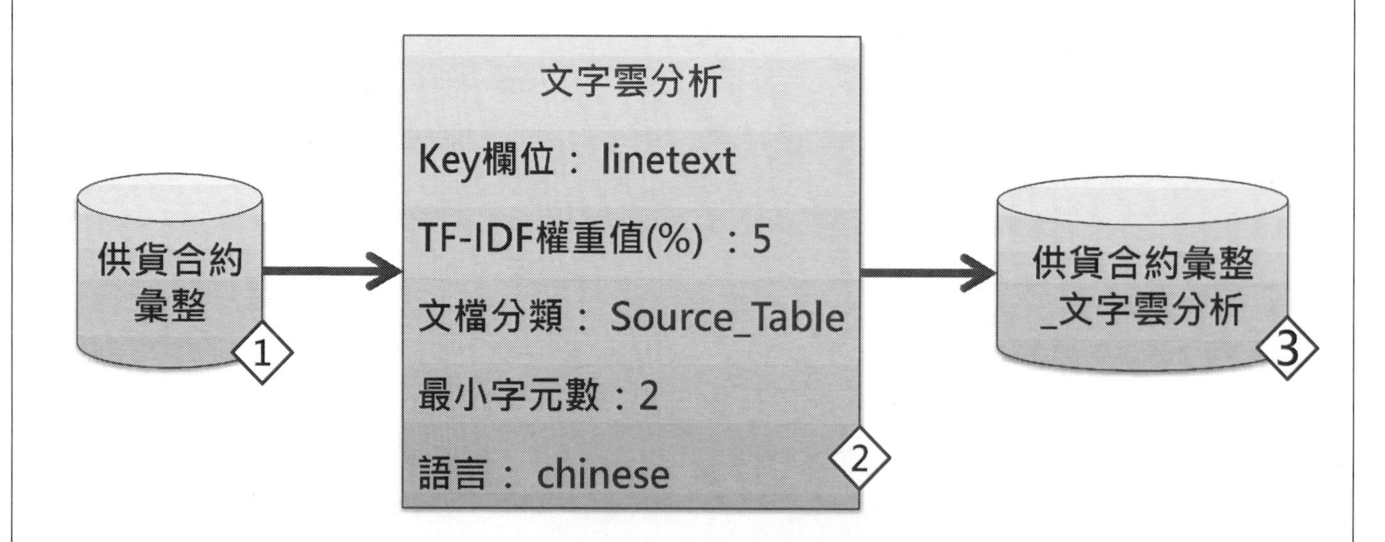

文字雲分析

Setp1：開啟 供貨合約彙整，點選「文字探勘>文字雲」

文字雲分析

Step2：條件設定-點選「文字雲...」，選擇文字雲分析欄位為 linetext

文字雲分析

Step3 輸出設定：
門檻值：選擇「TF-IDF權重值(%)」設定為 5
文檔分類：選擇「Source_Table」
最小字元數：設定為 2
語言：選擇「Chinese」

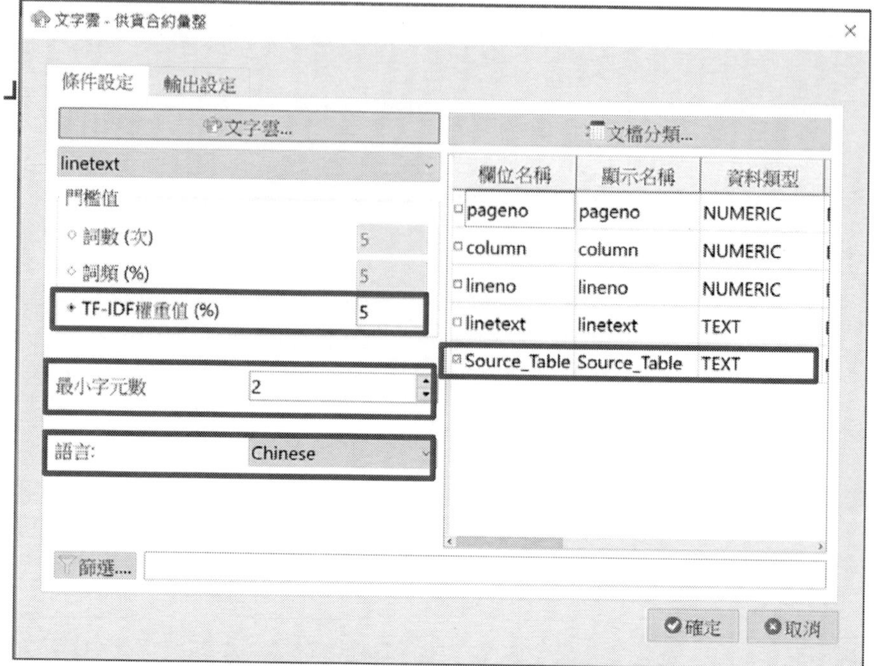

文字雲分析

Step3 點選「輸出設定」，將資料表取名為：
供貨合約彙整_文字雲分析。

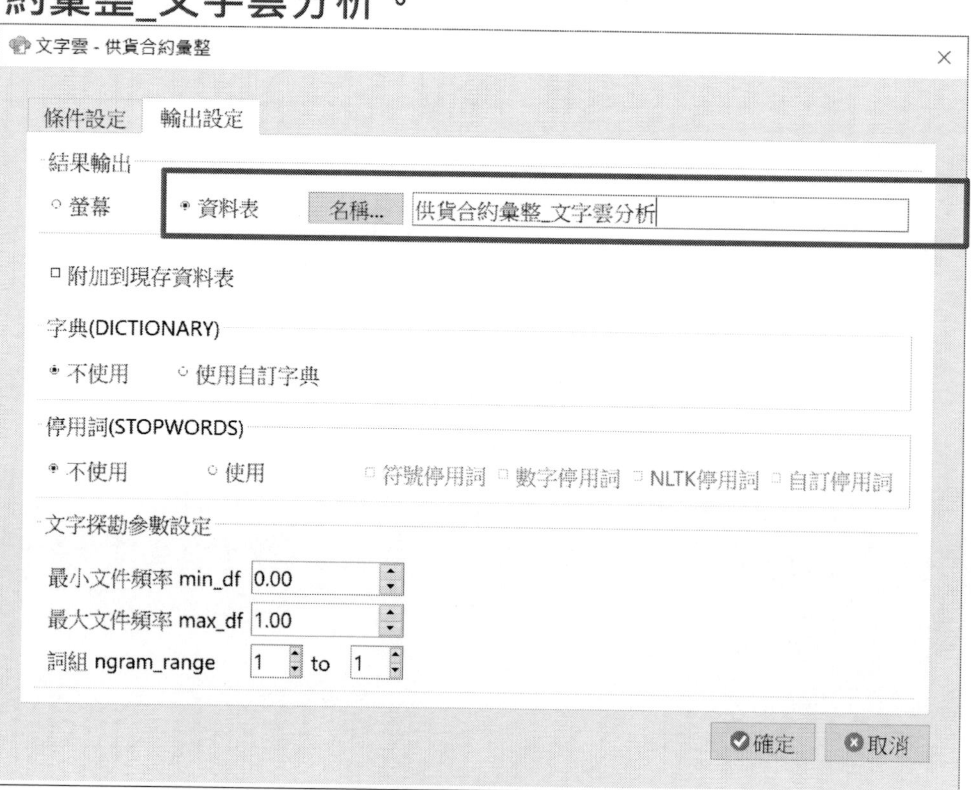

文字雲分析輸出結果-結果檢視

STEP4：可針對較大詞彙如毒品、禁品等，進行分析，點選結果圖

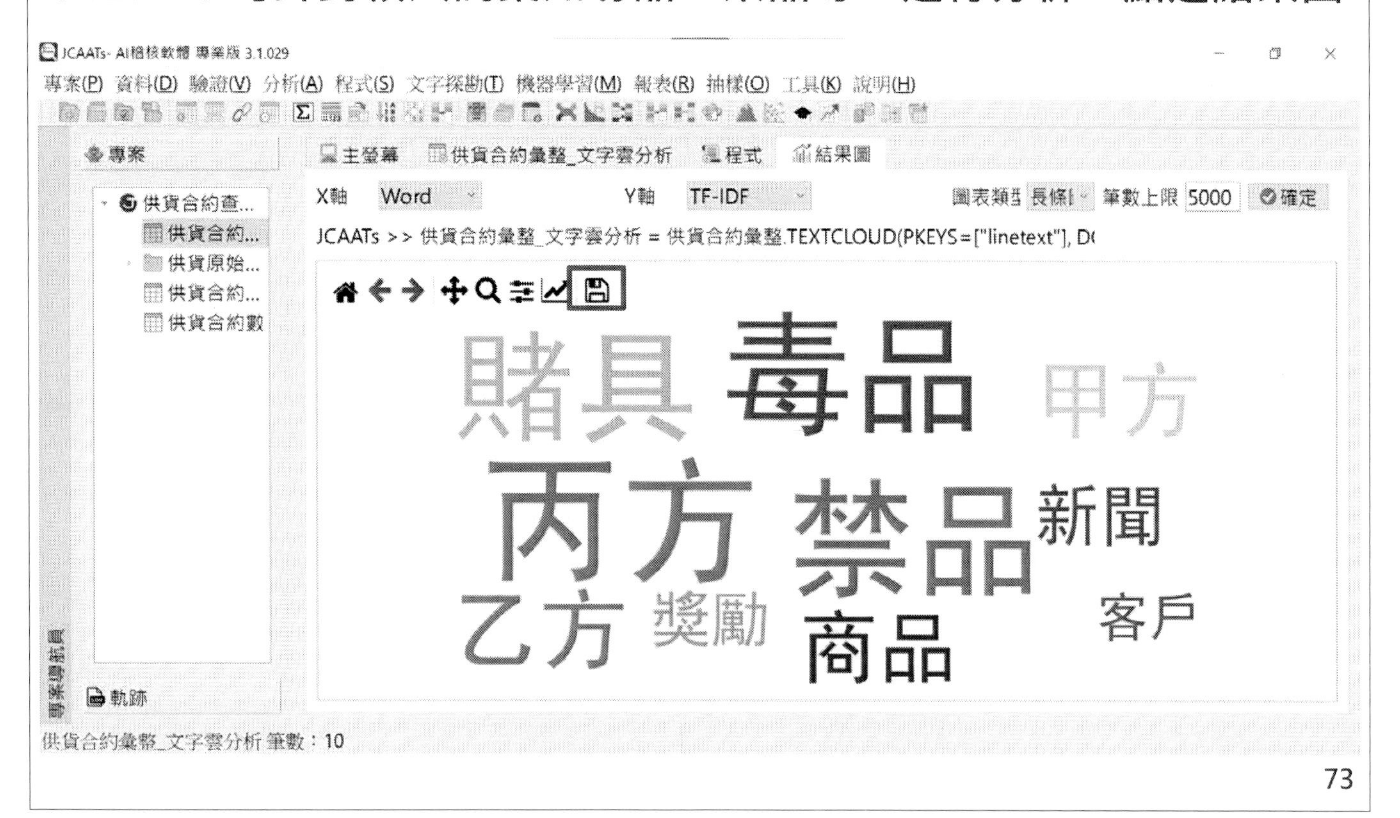

JCAATs-AI Audit Software Copyright © 2023 JACKSOFT.

文字雲分析輸出結果-存檔

Step5：點選 儲存圖表，將文字雲存成.png圖檔，以利報告。

文字雲分析輸出結果-長條圖

Step6：點選圖表類型，選擇長條圖，檢視分析結果

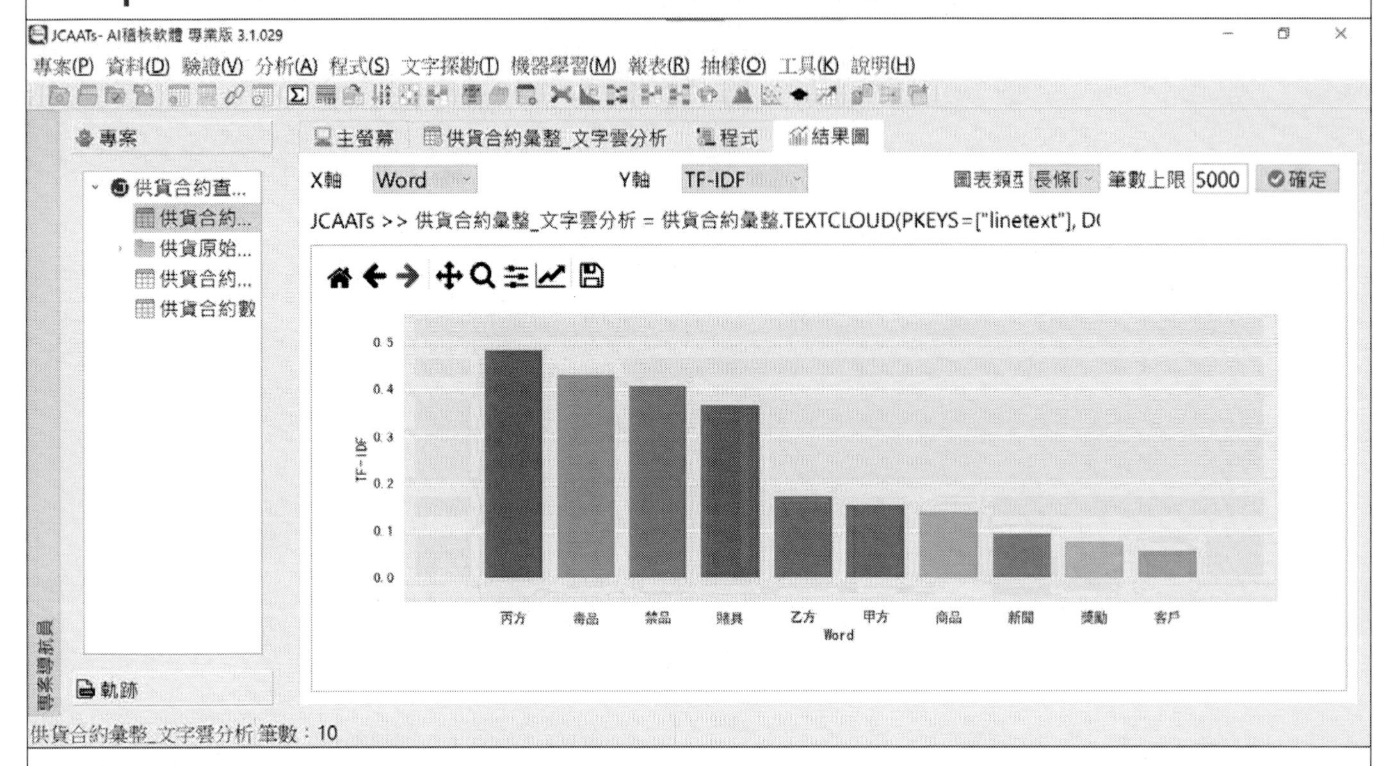

JCAATs-AI Audit Software Copyright © 2023 JACKSOFT.

視覺化圖形設定--放大功能

Step7：可點選 🔍 放大鏡，框選長條圖中最高的異常。

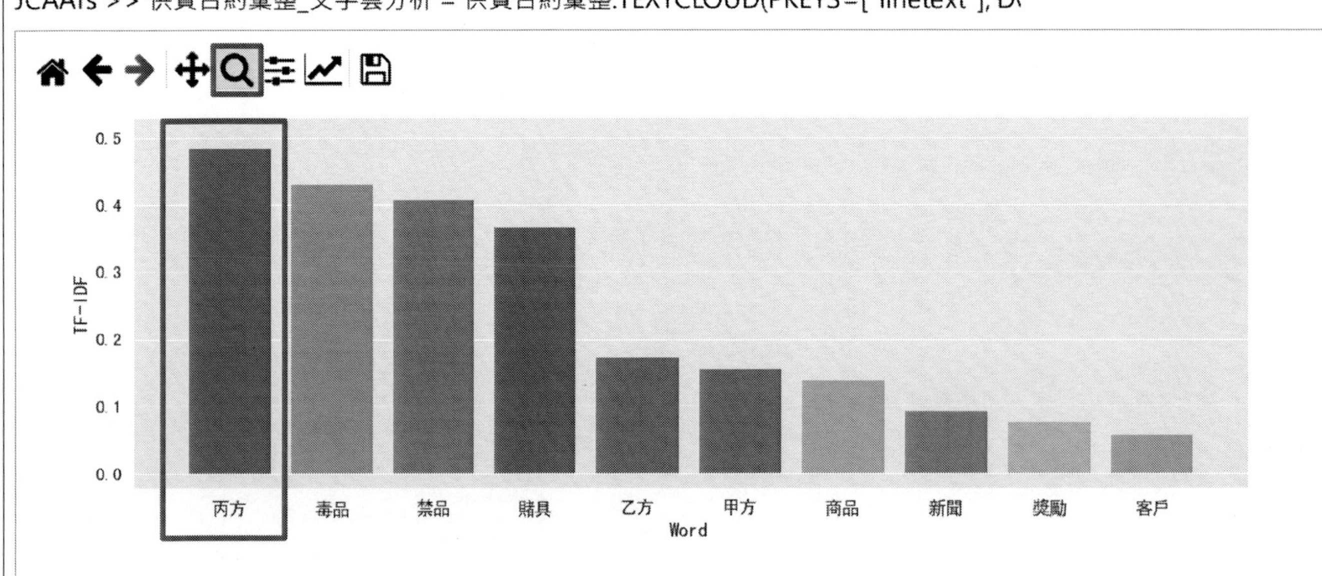

視覺化圖形設定—向下鑽篩選資料

Step8：可雙擊長條圖，往下鑽篩選資料中含有明顯差異資料如「丙方」等，了解需要特別注意高風險合約資料

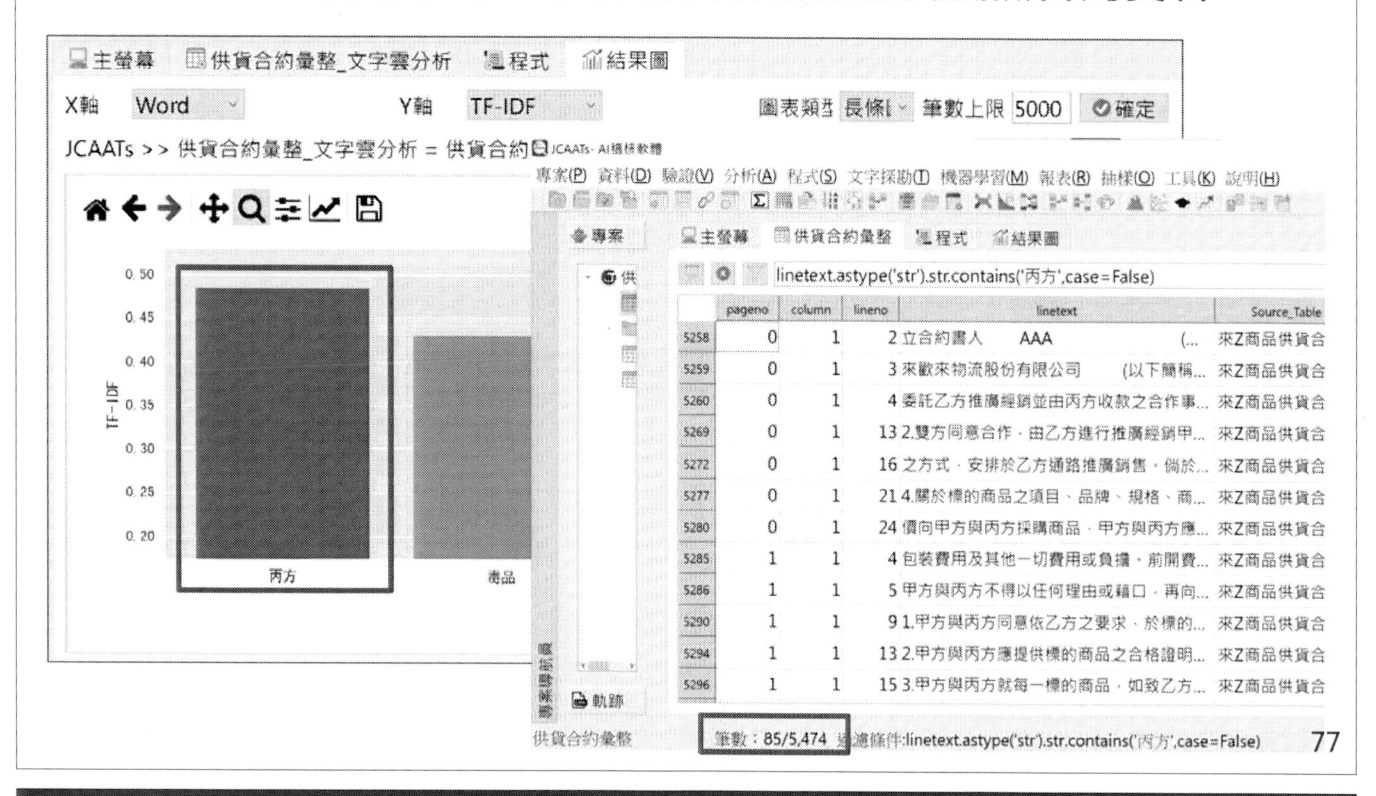

	pageno	column	lineno	linetext	Source_Table
5258	0	1	2	立合約書人 AAA (...	來Z商品供貨合
5259	0	1	3	來歡來物流股份有限公司 (以下簡稱...	來Z商品供貨合
5260	0	1	4	委託乙方推廣經銷並由丙方收款之合作事...	來Z商品供貨合
5269	0	1	13	2.雙方同意合作，由乙方進行推廣經銷甲...	來Z商品供貨合
5272	0	1	16	之方式，安排於乙方通路推廣銷售，倘於...	來Z商品供貨合
5277	0	1	21	4.關於標的商品之項目、品牌、規格、商...	來Z商品供貨合
5280	0	1	24	價向甲方與丙方採購商品，甲方與丙方應...	來Z商品供貨合
5285	1	1	4	包裝費用及其他一切費用或負擔，前開費...	來Z商品供貨合
5286	1	1	5	甲方與丙方不得以任何理由或藉口，再向...	來Z商品供貨合
5290	1	1	9	1.甲方與丙方同意依乙方之要求，於標的...	來Z商品供貨合
5294	1	1	13	2.甲方與丙方應提供標的商品之合格證明...	來Z商品供貨合
5296	1	1	15	3.甲方與丙方就每一標的商品，如致乙方...	來Z商品供貨合

文字雲分析輸出結果-結果檢視

Step9：也點選資料表，了解TF –IDF計算結果，進行相關分析

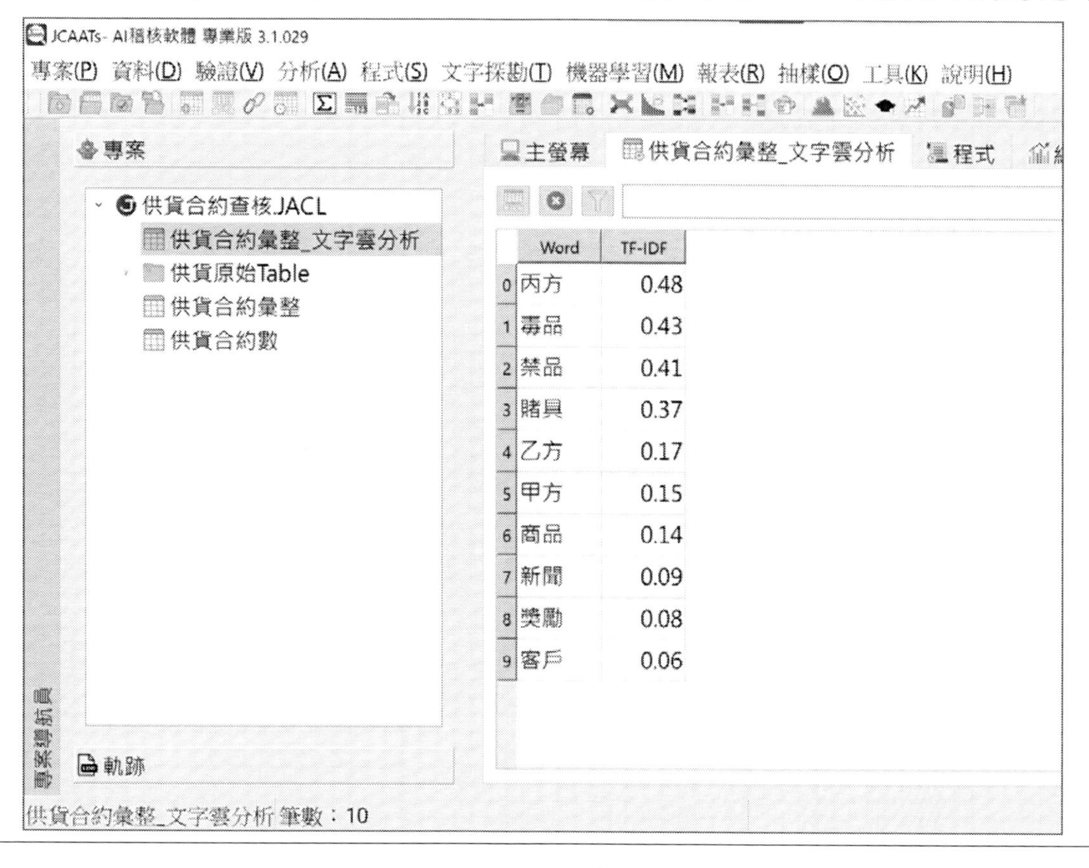

	Word	TF-IDF
0	丙方	0.48
1	毒品	0.43
2	禁品	0.41
3	賭具	0.37
4	乙方	0.17
5	甲方	0.15
6	商品	0.14
7	新聞	0.09
8	獎勵	0.08
9	客戶	0.06

補充說明：什麼是TF-IDF 文字分析機器學習 TF-IDF演算法

»TF-IDF (Term Frequency - Inverse Document Frequency) 是在文字探勘、自然語言處理當中相當著名的一種文字加權方法，能夠反映出「詞彙」對於「文件」的重要性。

TF：**詞頻** IDF：**逆向檔案頻率**

»TF-IDF 的假設：

1. 一個「詞彙」越常出現在一篇「文件」中，這個「詞彙」越重要
2. 一個「詞彙」越常出現在多篇「文件」中，這個「詞彙」越不重要

參考資料：https://clay-atlas.com/blog/2020/08/01/nlp-%E6%96%87%E5%AD%97%E6%8E%A2%E5%8B%98%E4%B8%AD%E7%9A%84-tf-idf-%E6%8A%80%E8%A1%93/

TF-IDF

TF-IDF

篩選出重要的字詞

$$Score_{t,d} = tf_{t,d} \times idf_t$$

參考資料：對文本重點字詞加權的TF-IDF方法 | by JiunYi Yang (JY)

TF-IDF 公式

TF

(Term Frequency)

每個詞在每個文件出現的比率

$$\begin{array}{c|ccccc} & 文件1 & 文件2 & \cdots & 文件d & \cdots & 文件D \\ \hline 詞1 & n_{1,1} & n_{1,2} & \cdots & n_{1,d} & \cdots & n_{1,D} \\ 詞2 & n_{2,1} & n_{2,2} & \cdots & n_{2,d} & \cdots & n_{2,D} \\ \vdots & \vdots & \vdots & \ddots & \vdots & \cdots & \vdots \\ 詞t & n_{t,1} & n_{t,2} & \cdots & n_{t,d} & \cdots & n_{t,D} \\ \vdots & \vdots & \vdots & \ddots & \vdots & \ddots & \vdots \\ 詞T & n_{T,1} & n_{T,2} & \cdots & n_{T,d} & \cdots & n_{T,D} \end{array} \rightarrow \begin{array}{c|ccccc} & 文件1 & 文件2 & \cdots & 文件d & \cdots & 文件D \\ \hline 詞1 & tf_{1,1} & tf_{1,2} & \cdots & tf_{1,d} & \cdots & tf_{1,D} \\ 詞2 & tf_{2,1} & tf_{2,2} & \cdots & tf_{2,d} & \cdots & tf_{2,D} \\ \vdots & \vdots & \vdots & \ddots & \vdots & \cdots & \vdots \\ 詞t & tf_{t,1} & tf_{t,2} & \cdots & tf_{t,d} & \cdots & tf_{t,D} \\ \vdots & \vdots & \vdots & \ddots & \vdots & \ddots & \vdots \\ 詞T & tf_{T,1} & tf_{T,2} & \cdots & tf_{T,d} & \cdots & tf_{T,D} \end{array}$$

$$tf_{t,d} = \frac{n_{t,d}}{\Sigma_{k=1}^{T} n_{k,d}}$$

- TF (Term Frequency)
  詞頻
- 我們先把拆解出來的每個詞在各檔案出現的次數，一一列出，組成矩陣。接著當我們要把這個矩陣中，『詞1』在『文件1』的TF值算出來時，我們是**用『詞1在文件1出現的次數』除以『文件1中所有詞出現次數的總和(可說是總字數)』**。
  如此一來，我們才能在不同長度的文章間比較字詞的出現頻率。

參考資料：對文本重點字詞加權的TF-IDF方法 | by JiunYi Yang (JY)

TF-IDF 公式

IDF

(Inverse Document Frequency)

詞在所有文件的頻率

頻率越高表該詞越不具代表性，IDF值越小

譬如：你，我，他，或，於是，因此...

$$idf_t = \log\left(\frac{D}{dt}\right)$$

- IDF (Inverse Document Frequency) **逆向檔案頻率**
- 我們這裡用IDF，計算該詞的「**代表性**」。
  由『文章數總和』除以『該字詞出現過的文章篇數』後，取log值*。
  實際應用中為了避免分母=0，因此通常分母會是dt+1。

TF-IDF

篩選出重要的字詞

$$Score_{t,d} = tf_{t,d} \times idf_t$$

參考資料：對文本重點字詞加權的TF-IDF方法 | by JiunYi Yang (JY)

TF-IDF 詞頻的應用

- 分析開放式調查研究的回應結果
- 分析產品保固、保險金理賠，以及診斷面談等內容
- 垃圾信件/訊息偵測
- 判別文章/訊息相似度
- 舞弊異常查核
- 機器學習關鍵字自動建立

參考資料：文字探勘之前處理與TF-IDF介紹 (ntu.edu.tw)

| AI Audit Expert

JCAATs

上機實作演練四：高風險合約文字探勘關鍵字分析

資料分析流程圖-查核武功秘笈：關鍵字分析

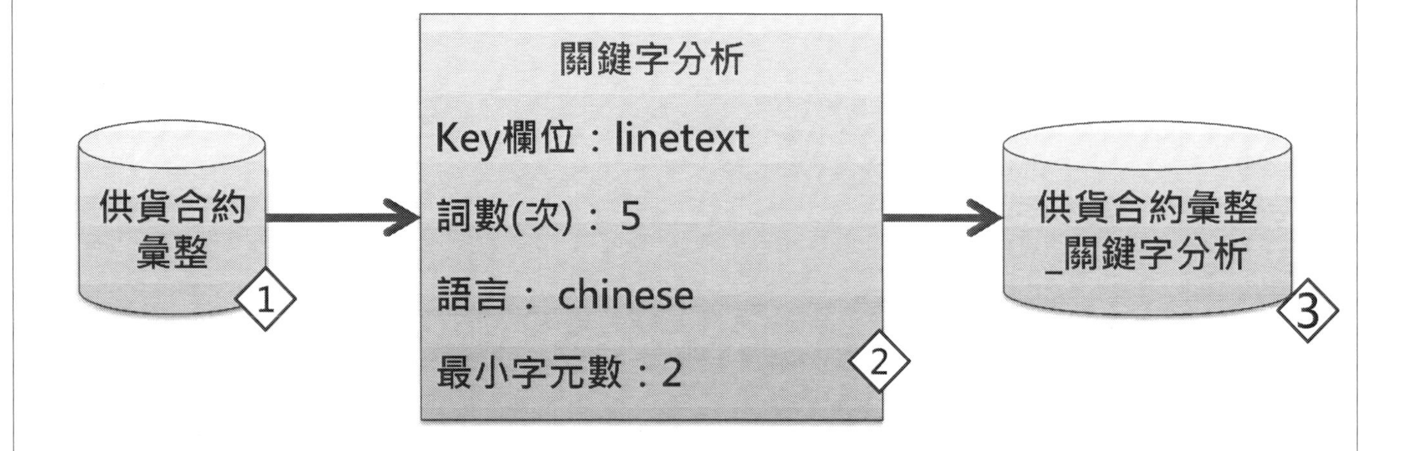

關鍵字分析

Step1：開啟供貨合約彙整，點選「文字探勘>關鍵字」

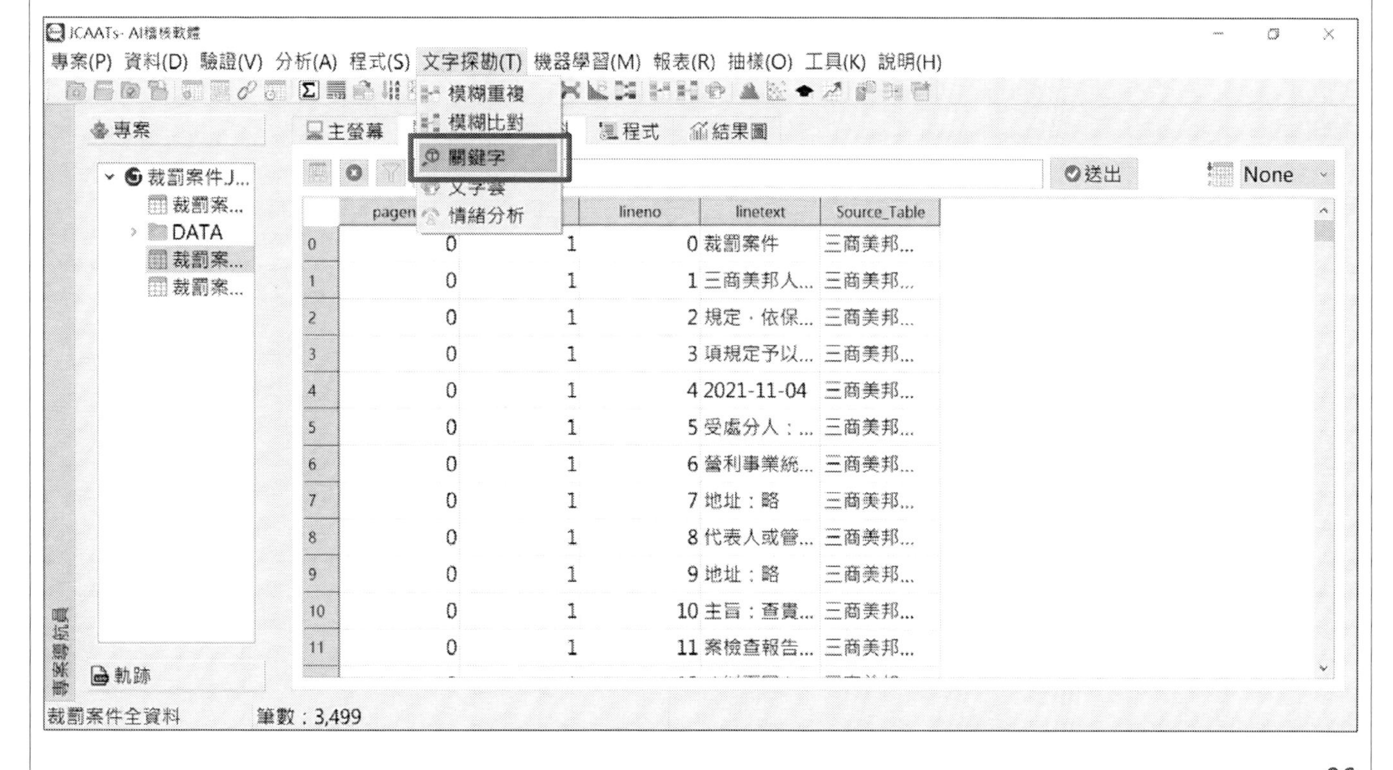

關鍵字分析

Step2：條件設定，點選「關鍵字...」，選擇Key欄位 linetext

關鍵字分析

Step3 輸出設定：

門檻值：選擇「詞數(次)」依照預設 5

最小字元數：設定為 2

語言：選擇「Chinese」

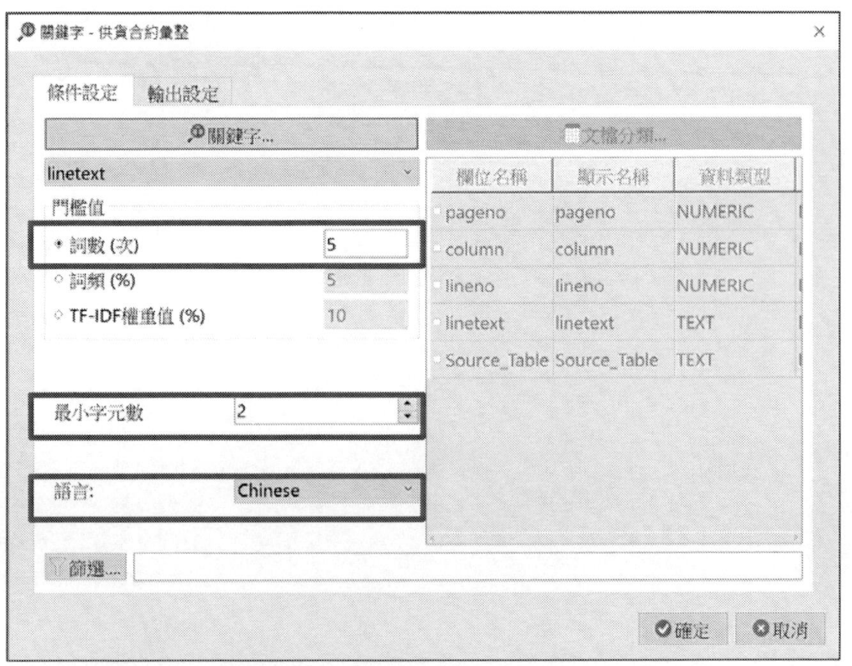

關鍵字分析

Step4 點選「輸出設定」，將資料表取名為：供貨合約彙整_關鍵字分析。

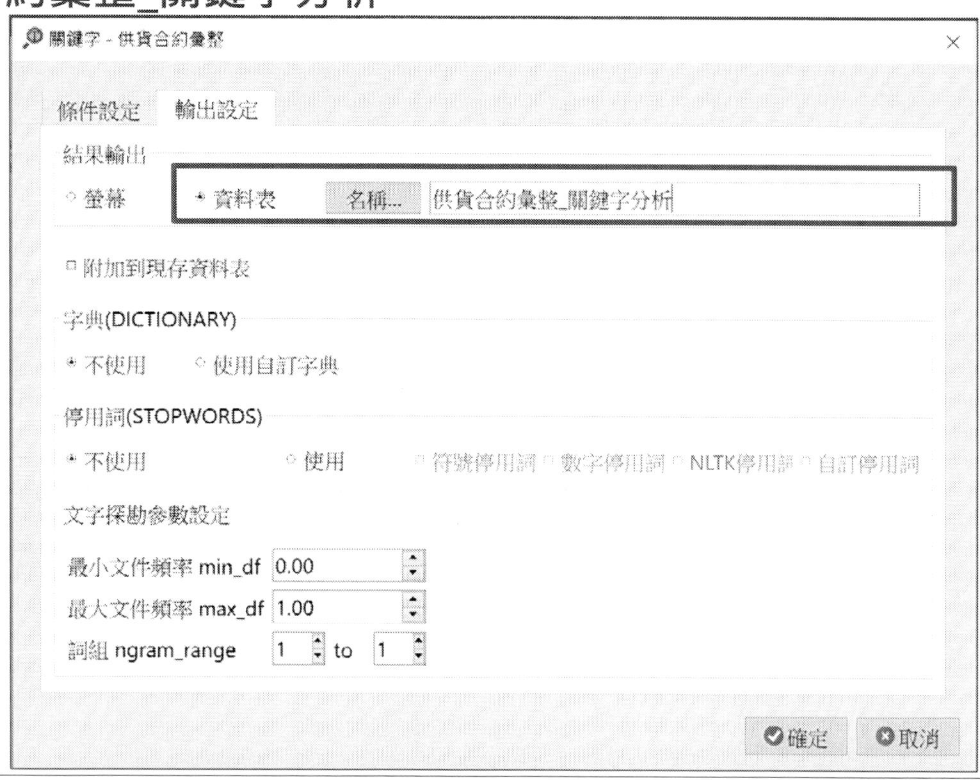

關鍵字分析 - 輸出結果

Step5：檢視分析結果

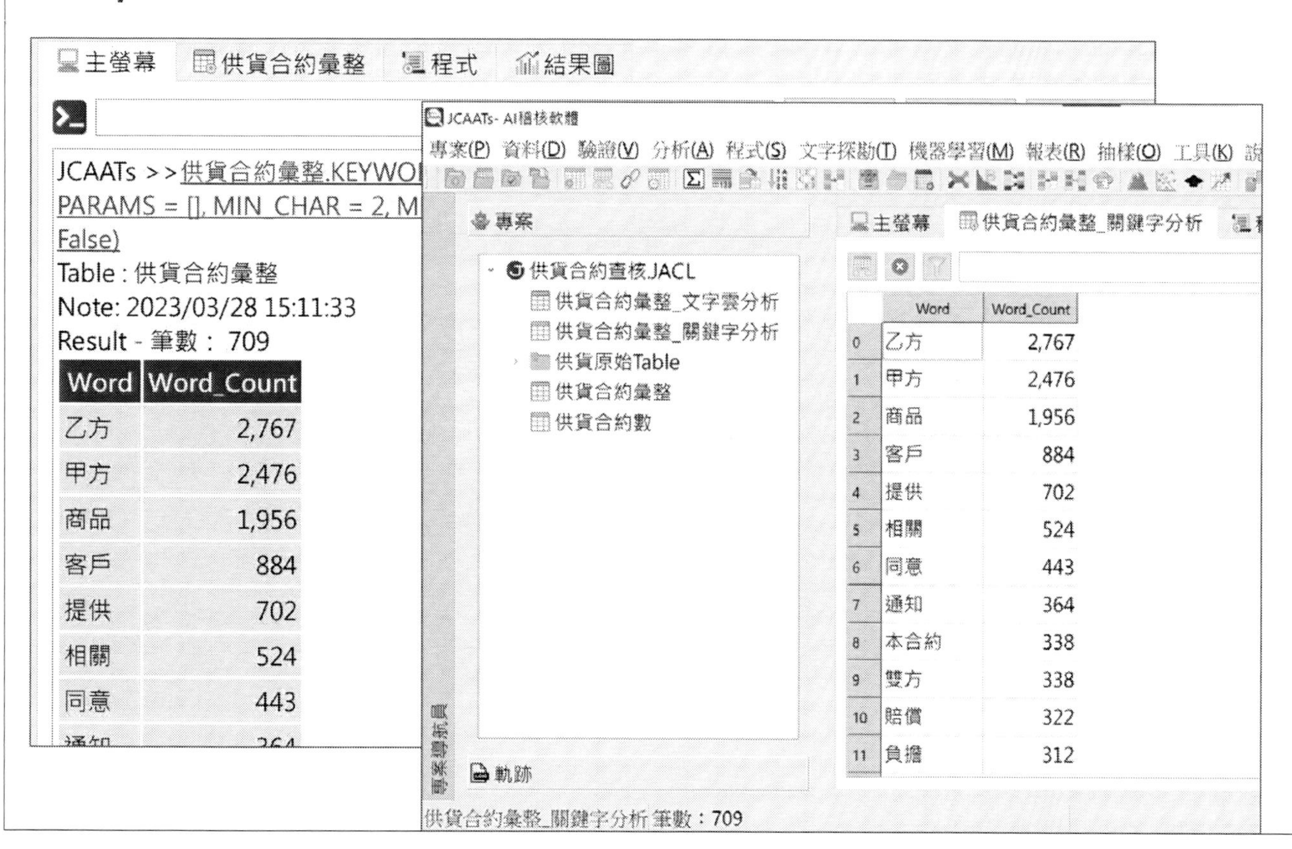

Word	Word_Count
乙方	2,767
甲方	2,476
商品	1,956
客戶	884
提供	702
相關	524
同意	443
通知	364
本合約	338
雙方	338
賠償	322
負擔	312

補充說明：文字斷詞的技術百科

- **英文**：常用的方法稱為NLTK， 它可以透過詞性幫助我們了解詞語狀態和在詞語間的順序等。
- **中文**：常用的方法稱為Jieba，透過字典與其他自然語言的人工智慧方式協助。

中文斷詞範例：

未來將有更多汽車擁有自動駕駛技術

X ['未來', '將', '有', '更多', '汽車', '擁有', '自動', '駕駛', '技術']

O ['未來', '將', '有', '更多', '汽車', '擁有', '自動駕駛技術']

斷詞分析 - 文字分析踏出的第一步

- 切分詞彙後僅能再透過人力分辨詞意/文意，判斷不慎，甚至會誤解資料本身的意義，然而，透過斷詞分析建立資料，進而透過自然語言處理(NLP)，由機器更精準的判斷文意以及情緒分析，是現正產業都埋頭研究的趨勢。

- 例如：

  僅透過斷詞分析判斷正負向詞彙：

  「這」「部」「電影」「很」「好看」→正向

  「阿」「不」「就」「好棒」「棒」→誤判為正向

如何調整斷詞的準確度?

- 調整標準字典檔：
  - 加入自訂關鍵字或領域內的關鍵字等字典檔內。
  - 檢查目前的字典檔是否有不適合的字詞。
- 調整停用詞的詞庫檔：
  - 加入不需要的停用詞到停用詞的詞庫檔內。
  - 檢查目前的字典檔是否有不適合的字詞。

提升準確度的方法：文字字典

- 不同於英文會透過空格分割詞彙，中文詞與詞連結的特性，使**我們需要建立字典讓文字分析程式能夠正確切分詞彙**。
  - 英文：I believe I can fly.
    →"I ", "believe", "I", "can", "fly"
  - 中文：我相信我可以飛。
    →「我」、「相信」、「我」、「可以」、「飛」
- 根據領域不同，建立字典(語料庫)，藉以建立正確分詞，例如：未建立字典之前，「資產負債表」可能會被切分成「資產」、「負債」、「表」，但當我們把這個詞彙建立在字典時，就能讓文字分析程式正確切分詞彙「資產負債表」

提升準確度的方法：停用詞

- 在一段訊息、文章當中都有很多連結詞、對文字分析欲達到的目的本身沒有幫助的詞彙，比如「我」、「他」、「而且」、「然後」、「了」等等，會在文字分析時誤判為重要詞彙，然而擷取出來之後卻無法代表語意/文意，所以我們除了需要建立字典(語料庫)，也**應要建立停用詞字典，藉此避免分析出無用的資訊**。

JCAATs關鍵字、情緒分析字典範本

系統路徑：工具→字典管理

關鍵字字典範本：

- **jcaats_dict 關鍵詞**
- **jcaats_stop 停用詞**

情緒分析字典範本：

- **chinese-negative 負面情緒**
- **chinese-positive 正面情緒**

字探勘(T) 機器學習(M) 報表(R) 抽樣(O) 工具(K) 說明(H)

字典管理

變數管理

索引管理

主螢幕 供貨合約彙整 程

	pageno	column	lineno	linetext	Source_Table
0	0	1	0	商品供貨合...	來A商品供...
1	0	1	1		來A商品供...
2	0	1	2	立合約書人...	來A商品供...
3	0	1	3	(以下簡稱...	來A商品供...
4	0	1	4	協議如下：...	來A商品供...
5	0	1	5	1.自民國 ...	來A商品供...
6	0	1	6	2.合約期滿...	來A商品供...
7	0	1	7	契約外，視...	來A商品供...
8	0	1	8	年。爾後亦...	來A商品供...
9	0	1	9		來A商品供...
10	0	1	10	第二條：合...	來A商品供...
11	0	1	11	1.付款條件...	來A商品供...

JCAATs 字典管理

於工具中->點選字典管理，勾選停用詞，點擊「瀏覽」

檢視現有停用詞，並將甲方、乙方等加入停用詞字典後進行儲存。

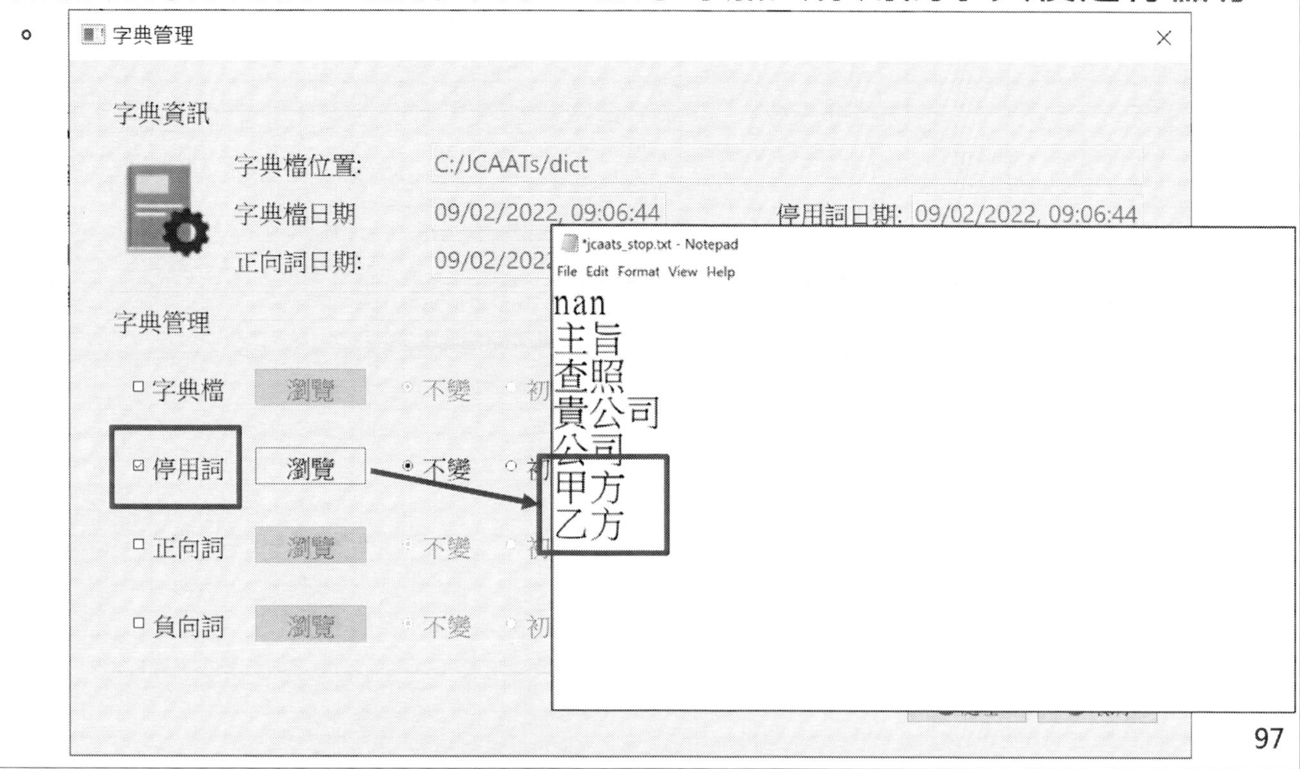

重新執行關鍵字分析

開啟供貨合約彙整，點選「文字探勘>關鍵字」

重新執行關鍵字分析

點選「關鍵字...」，選擇欄位 linetext

門檻值：選擇「詞數(次)」預設 5

最小字元數：設定為 2

輸語言：選擇「Chinese」

重新執行關鍵字分析

點選「輸出設定」，將資料表取名為「供貨合約彙整_關鍵字分析_字典與停用詞」。

字典(DICTIONARY)：點選「使用自訂字典」

停用詞(STOPWORDS)：點選「使用」，並將選項都打勾

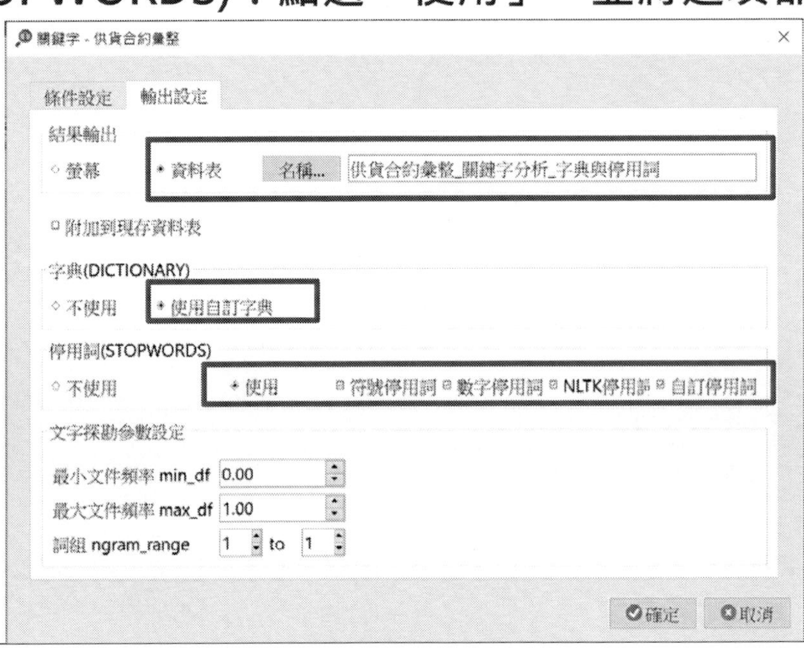

重新執行關鍵字分析 - 輸出結果

可發現甲方、乙方等已被排除在關鍵字結果之外。

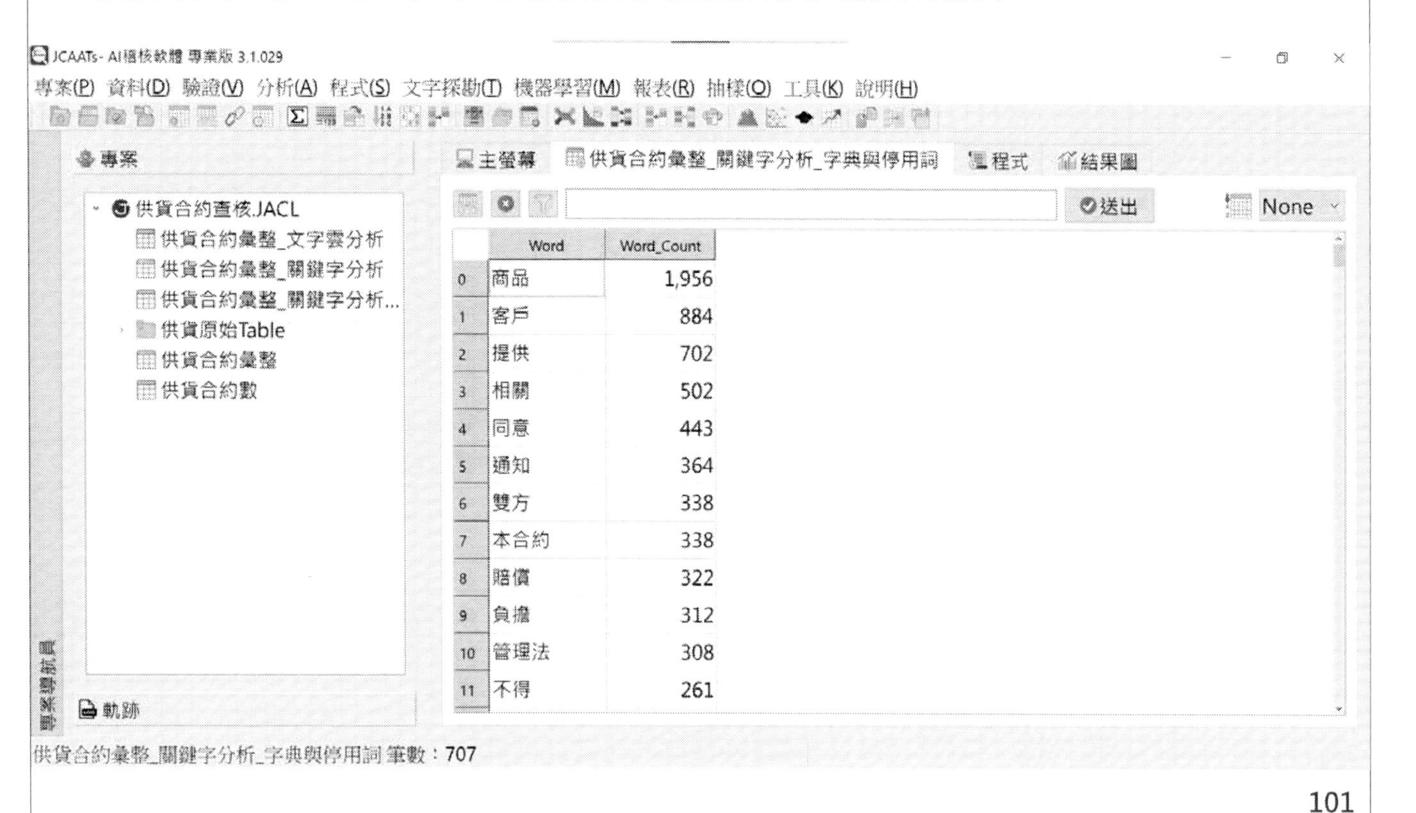

jacksoft | AI Audit Expert
www.jacksoft.com.tw

JCAATs

上機實作演練五：合約遵循查核關鍵字模糊比對 (Fuzzy Match)

查核目標:
查核合約內容是否具有必備關鍵字
將有缺漏者之高風險合約找出來
以利後續審閱

取用稽核資料倉儲資料

1.新建資料夾→新建專案

2.資料→複製另一專案資料表 3.連結新的資料來源

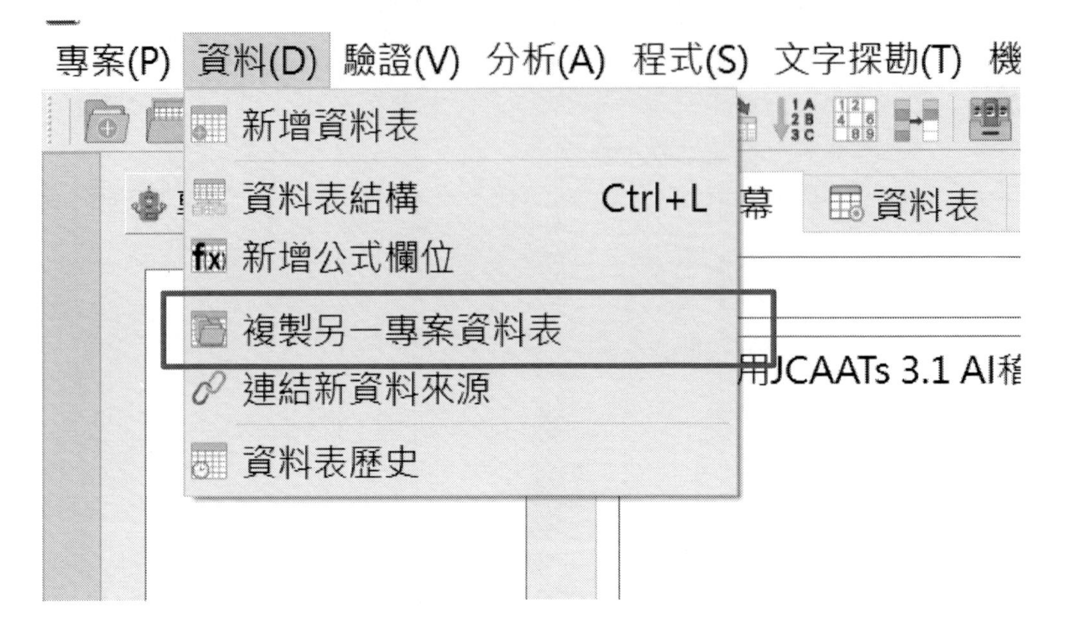

稽核資料倉儲應用

查核合約: P_20201205_001共194筆

設定高風險:合約_關鍵字共有22筆

完成資料連結，請驗證資料筆數是否正確

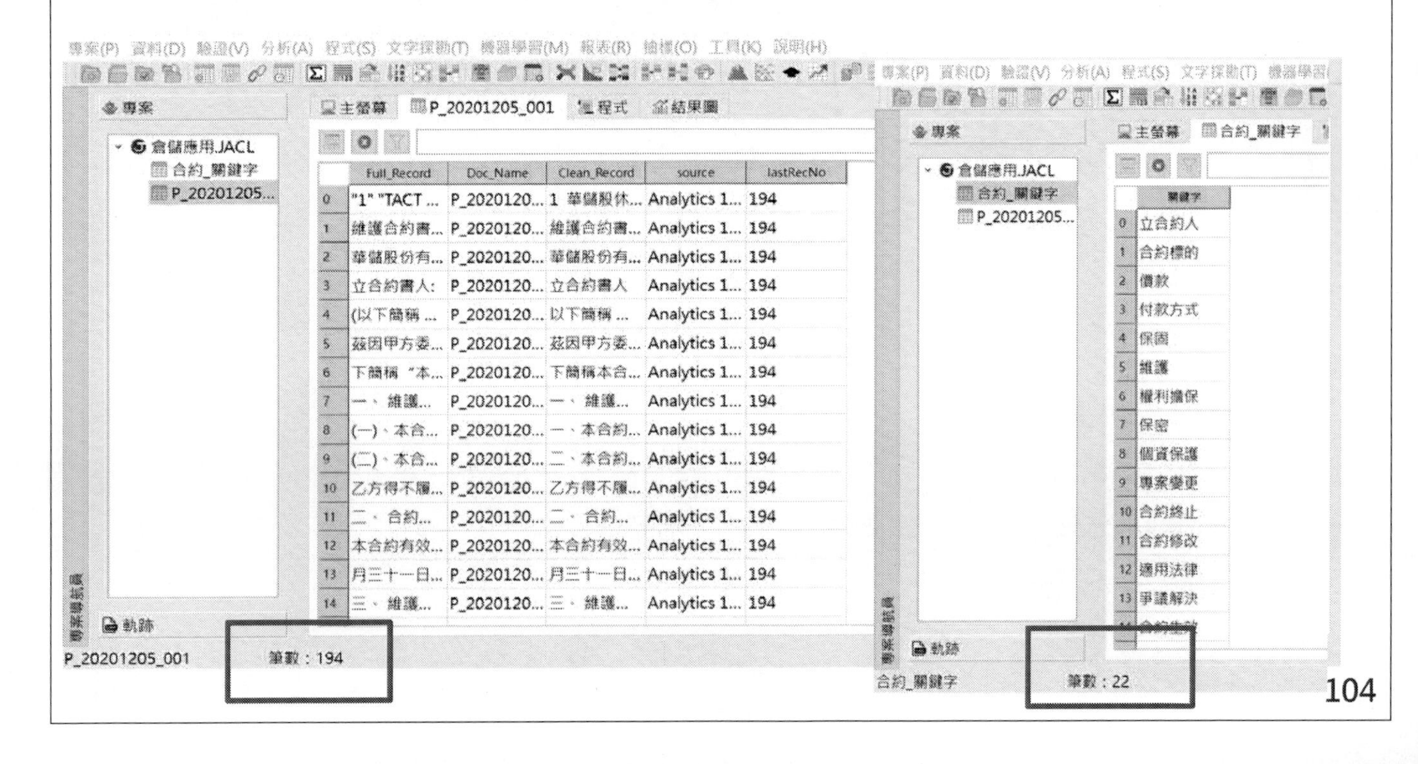

查核情境：合約關鍵字比對查核流程圖

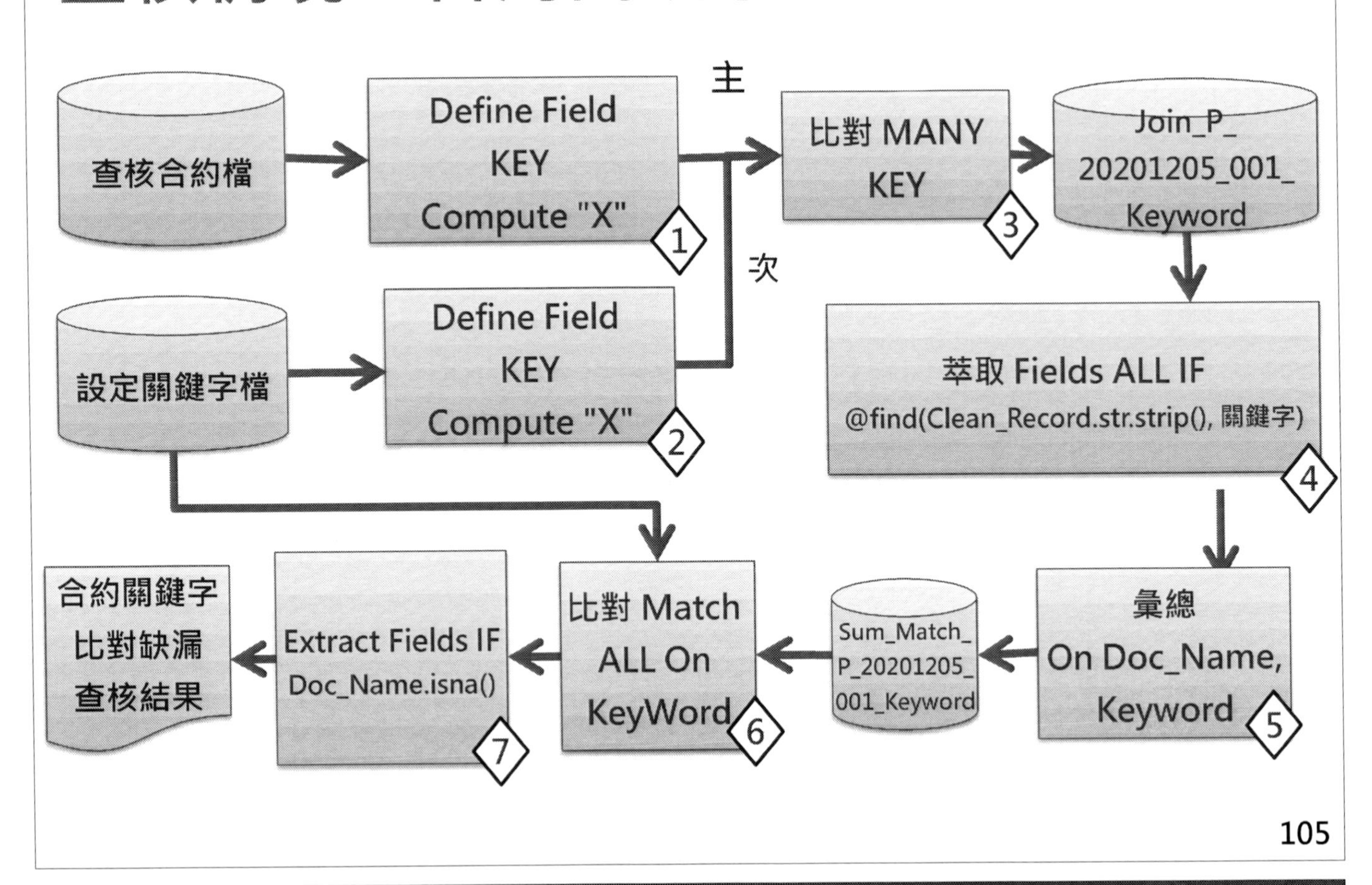

打開要查核合約之資料表

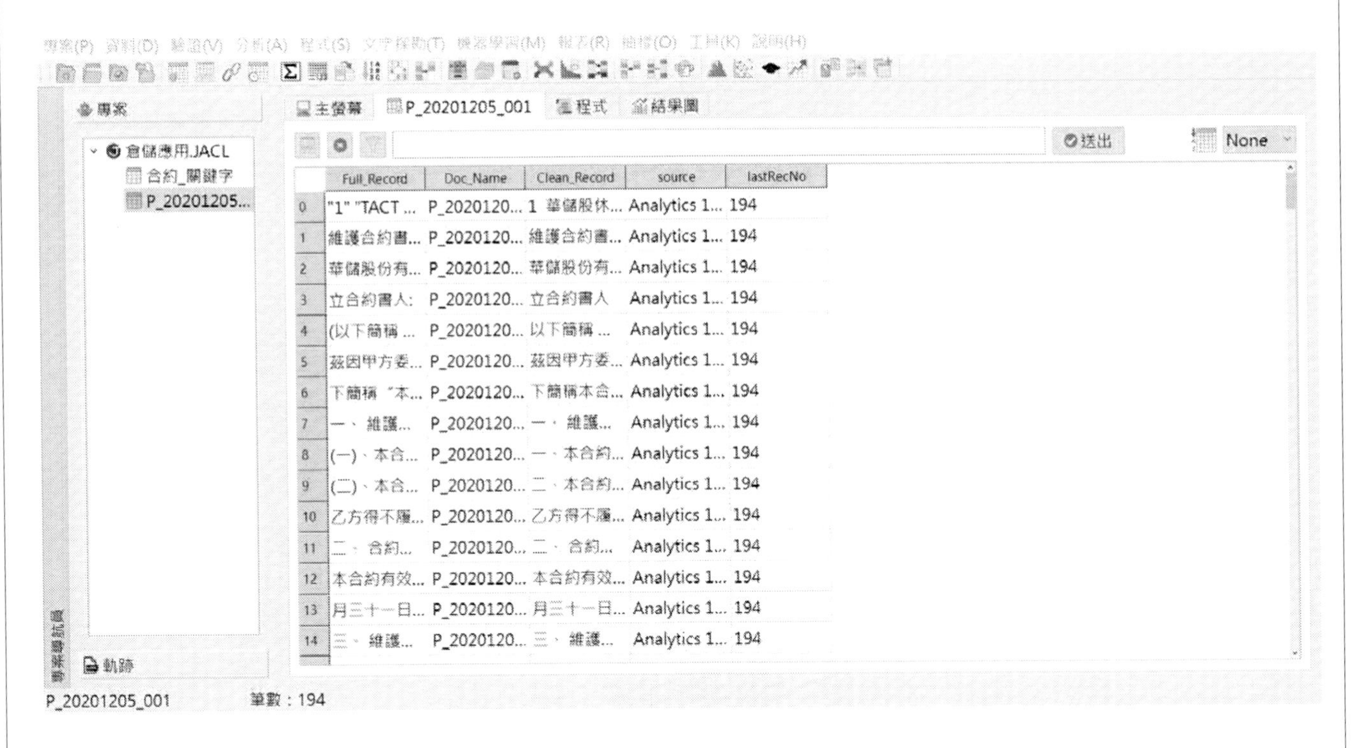

開啟資料表架構→點選F(x)新增公式欄位

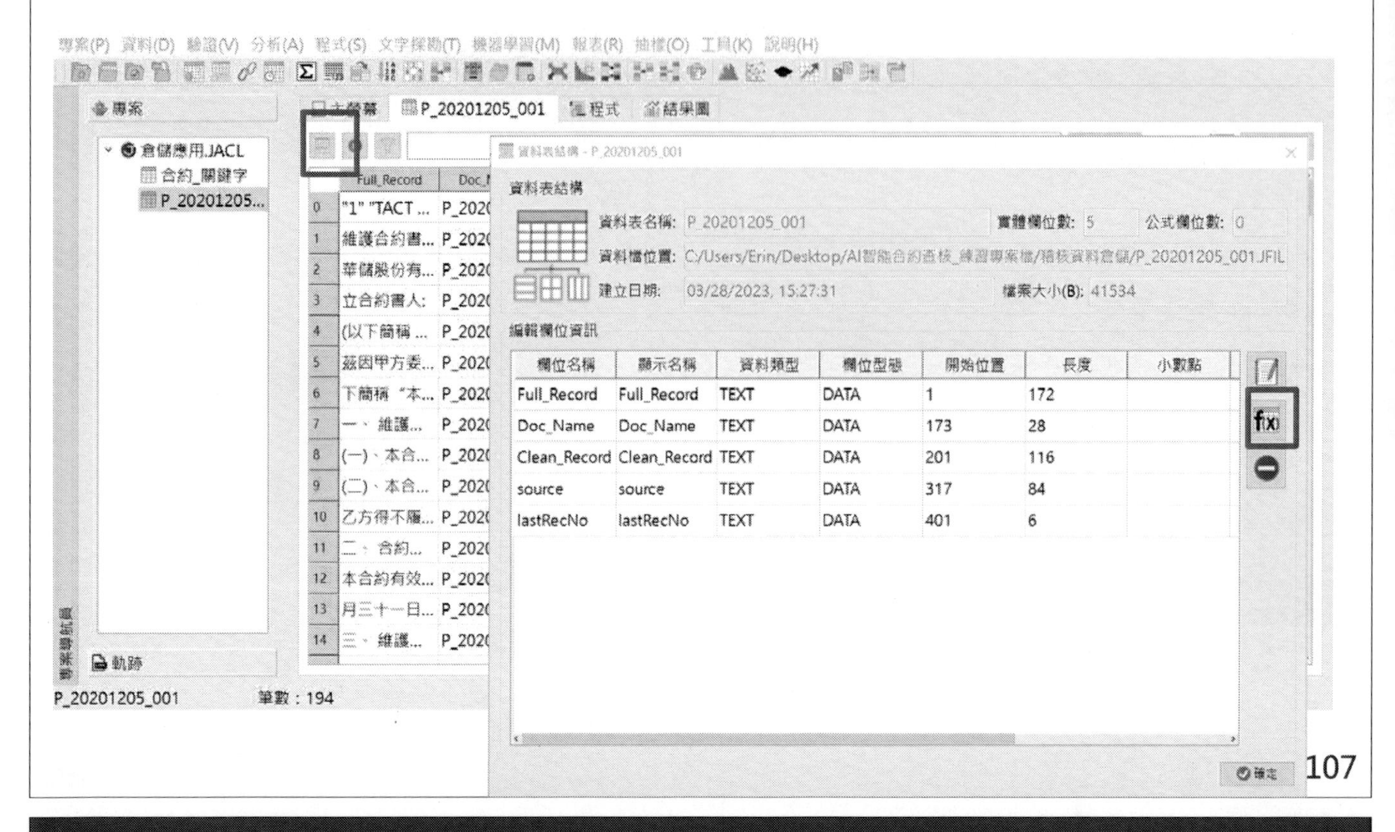

新增主表關鍵欄位

於欄位名稱輸入KEY，以利辨識

點選初始值輸入"X"，作為比對的key值

新增次表關鍵欄位

完成新增後，於匯入的合約關鍵字資料表一樣新增一個欄位KEY，初始值輸入"X"

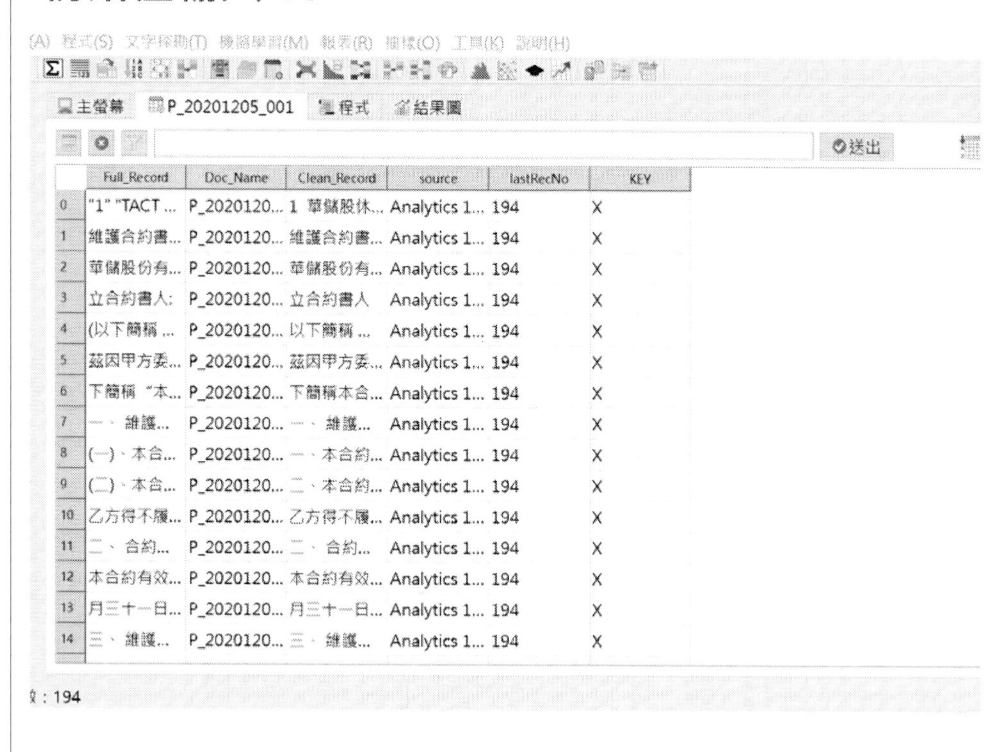

進行資料比對

打開P_20201205_001，進行資料比對

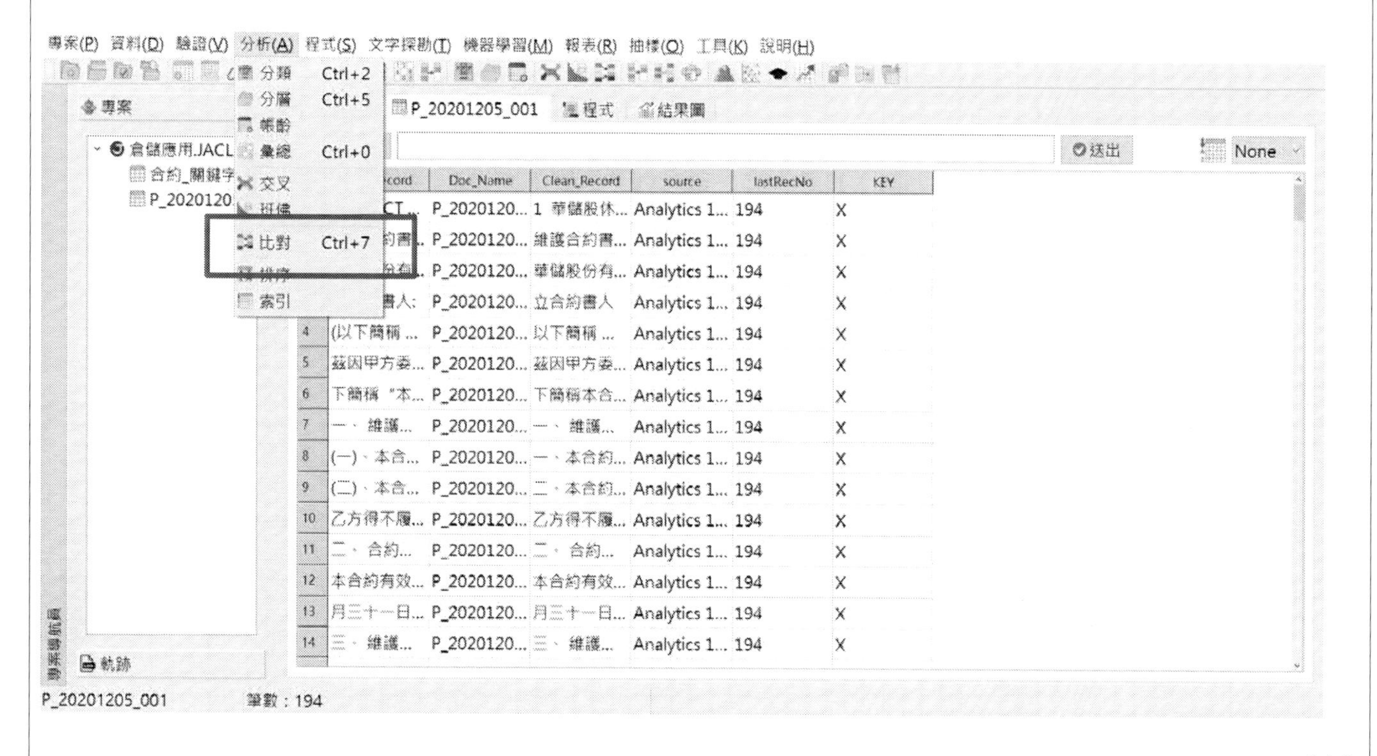

以合約為主檔比對關鍵字

分析→比對
主表:
選取:合約資料檔
(P_20201205_001)
次表:
選取:
合約_關鍵字
主表與次表
關鍵欄位選取：
KEY
主表顯示欄位：
全選
次表顯示欄位：
全選

選取比對類型

比對類型勾選「Many to Many」，結果輸出點選「資料表」
輸入資料表名稱Join_P_20201205_001_Keyword後，點擊確定

檢視Many-to-Many比對結果

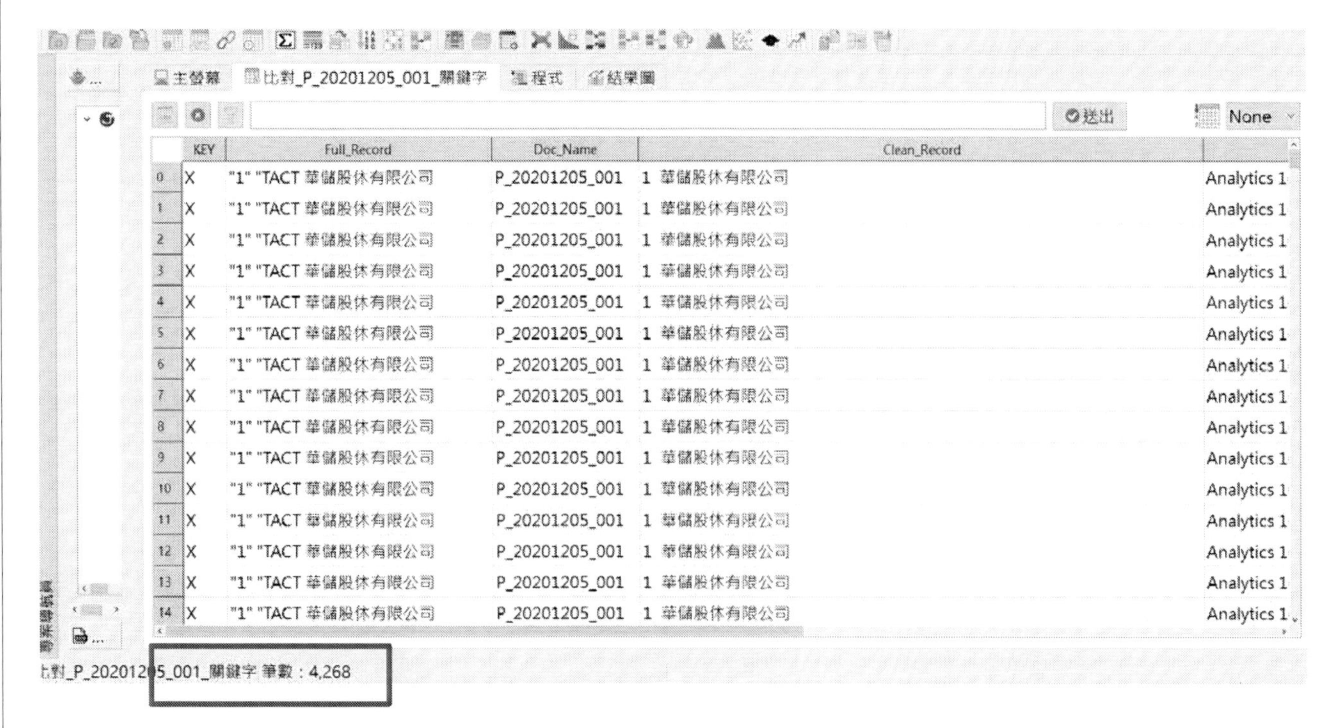

共4,268筆

找出有關鍵字之合約資料

Join出新資料表後，篩選linetext有關鍵字者

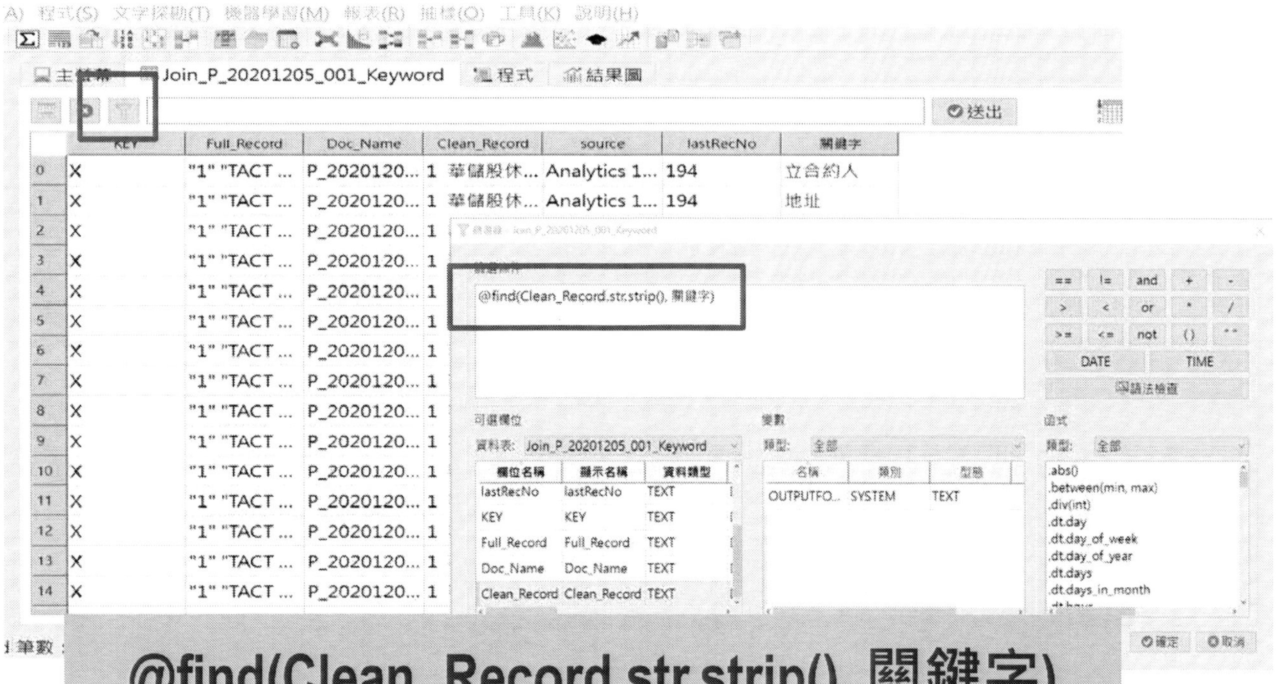

@find(Clean_Record.str.strip(), 關鍵字)

將查核結果萃取為報表

點選報表→萃取

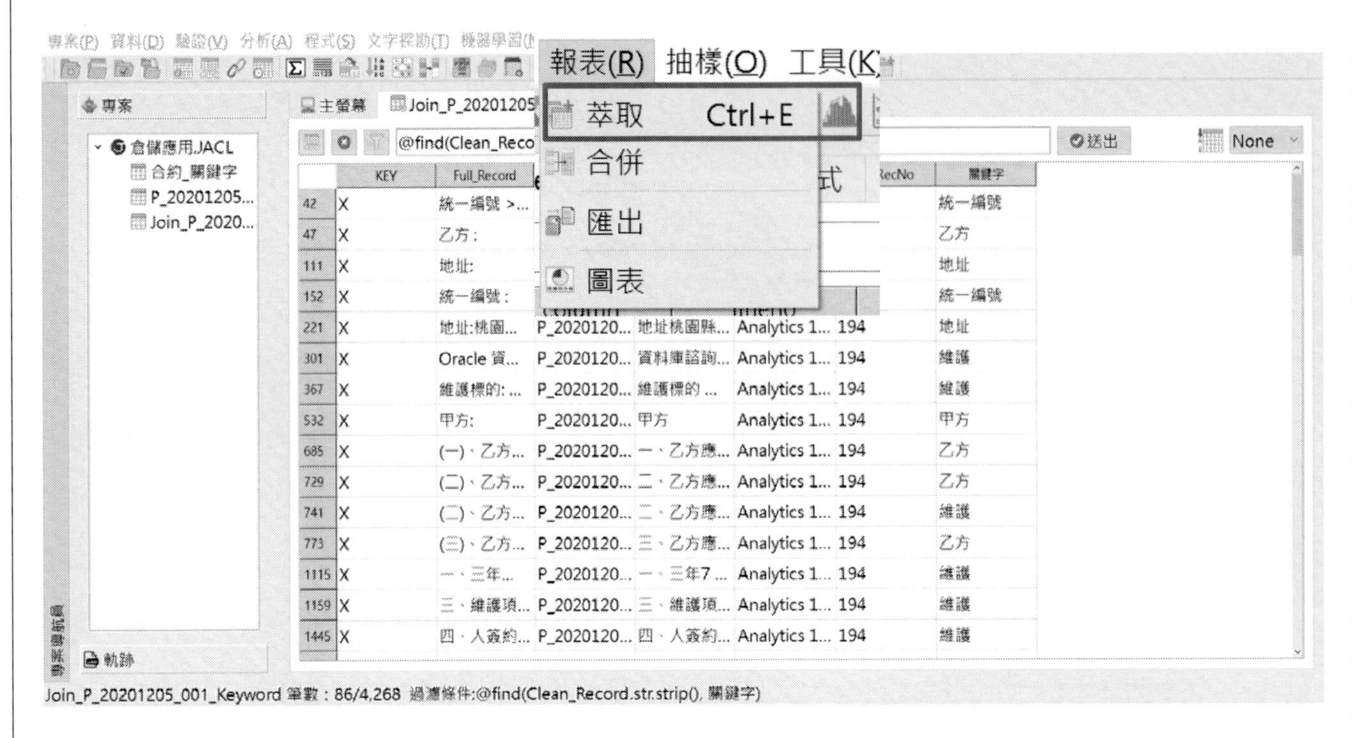

進行輸出設定

選取所有欄位，進行資料萃取

點選「輸出設定」輸入檔 Match_P_20201205_001_Keyword

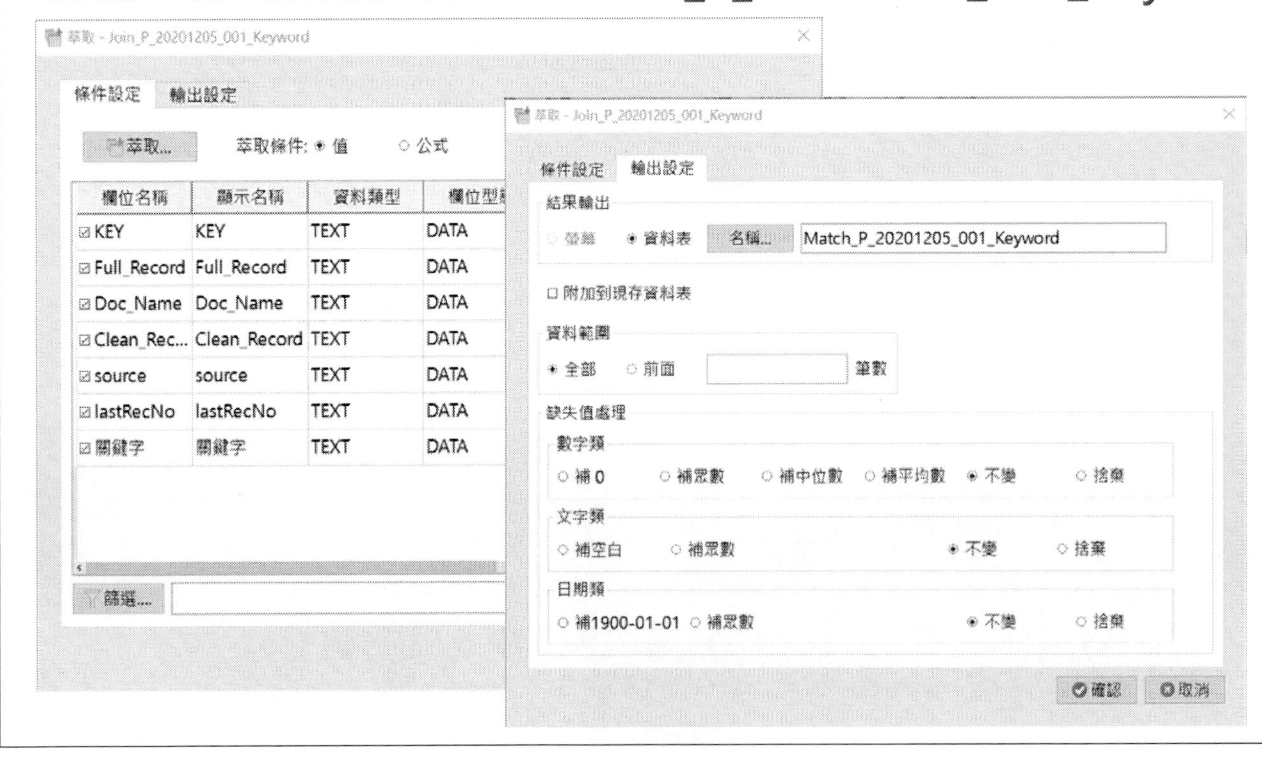

將分析結果進行彙總(Summarize)

會得到一張已比對完成的資料表，接下來可以利用Summarize彙總比對結果。

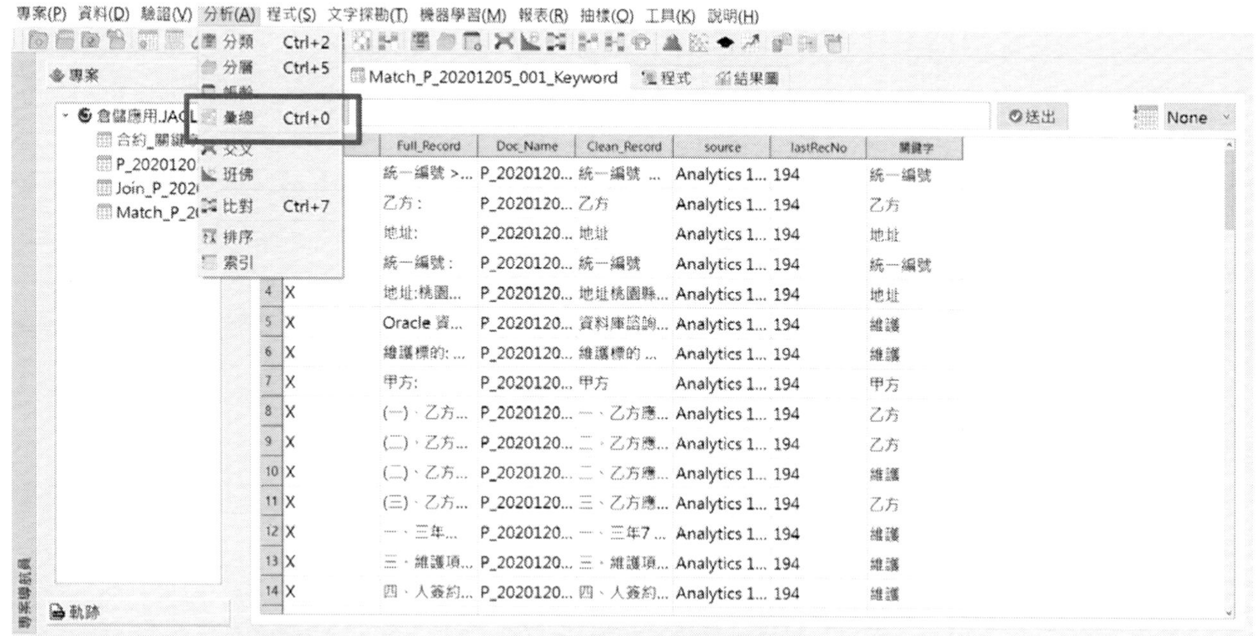

彙總(Summarize)條件設定

彙總選取：關鍵字

列出欄位選：Doc_Name、關鍵字

彙總結果輸出設定

於輸出設定，結果輸出選取資料表並輸入
Sum_Match_P_20201205_001_Keyword
確定匯出。

彙總結果=>合約中有包含之關鍵字

完成彙總比對資料，和關鍵字清單比較此份合約缺漏的關鍵字。

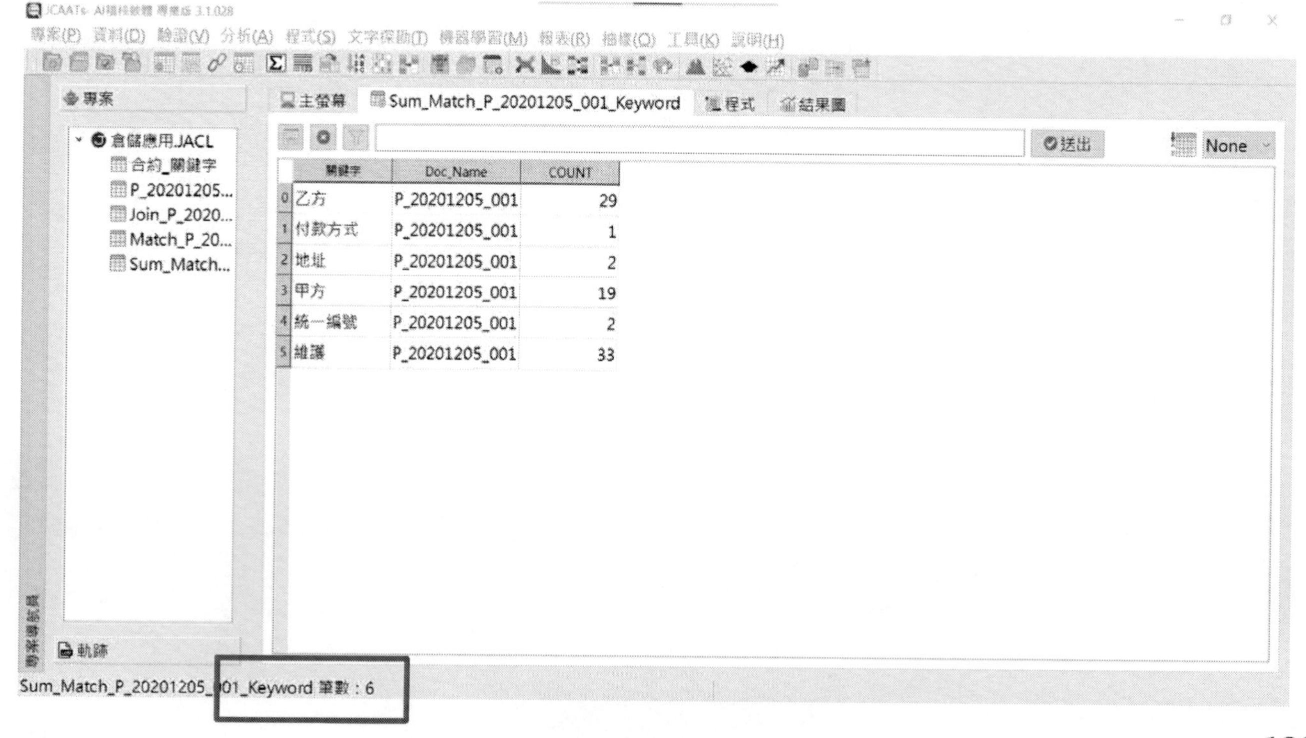

	關鍵字	Doc_Name	COUNT
0	乙方	P_20201205_001	29
1	付款方式	P_20201205_001	1
2	地址	P_20201205_001	2
3	甲方	P_20201205_001	19
4	統一編號	P_20201205_001	2
5	維護	P_20201205_001	33

查核合約缺少之關鍵字

開啟「合約_關鍵字」，點選分析→比對

比對條件設定

點選：分析→比對

次表：Sum_Match_P_20201205_001_Keyword

關鍵欄位：關鍵字;主表欄位：關鍵字;次表欄位：關鍵字、Doc_Name

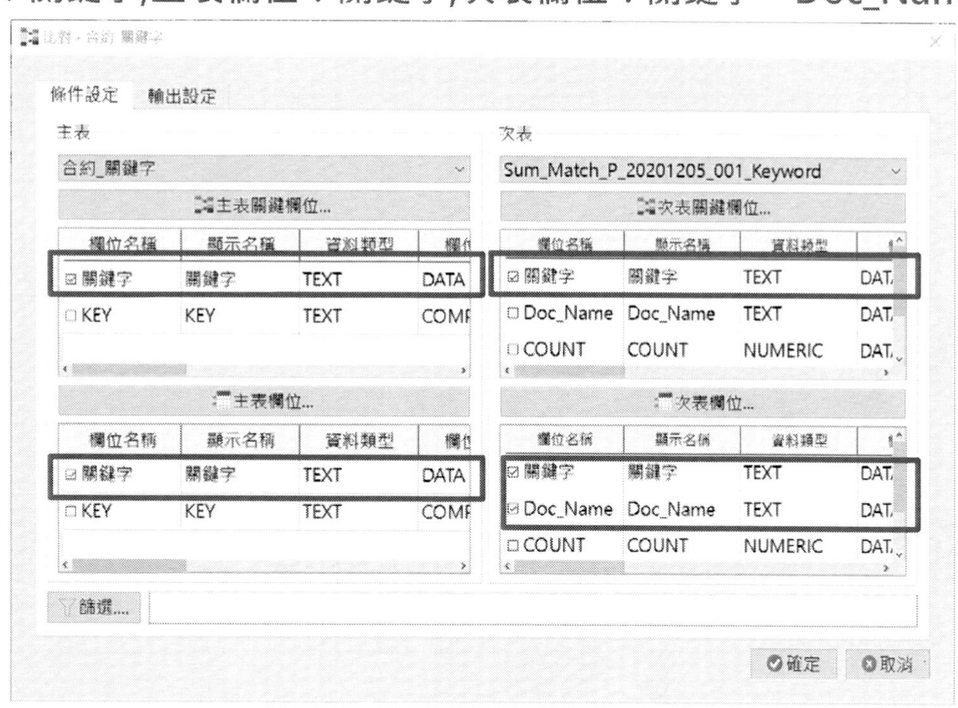

設定比對輸出條件

比對類型勾選「Matched All Primary with the first Secondary」

結果輸出點選「資料表」

輸入存檔資料表名稱後，點擊確定

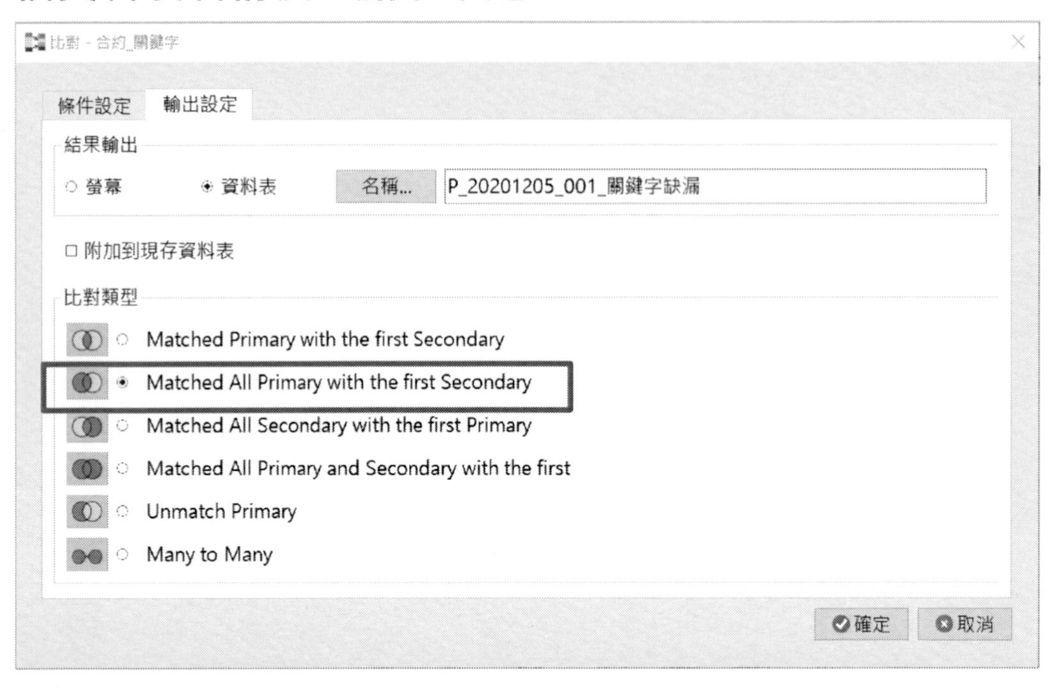

高風險合約查核結果

檢視比對結果，將關鍵字未配對到的篩選出來:

查核結果P_20201205_001的合約內容缺少共16個關鍵字

	關鍵字	Doc_Name
0	乙方	P_20201205_001
1	付款方式	P_20201205_001
2	保固	nan
3	保密	nan
4	個資保護	nan
5	價款	nan
6	合約修改	nan
7	合約收執	nan
8	合約標的	nan
9	合約生效	nan
10	合約終止	nan
11	地址	P_20201205_001
12	專案變更	nan
13	權利擔保	nan
14	正本	nan

	關鍵字	Doc_Name
2	保固	nan
3	保密	nan
4	個資保護	nan
5	價款	nan
6	合約修改	nan
7	合約收執	nan
8	合約標的	nan
9	合約生效	nan
10	合約終止	nan
12	專案變更	nan
13	權利擔保	nan
14	正本	nan
15	爭議解決	nan
17	立合約人	nan
20	負責人	nan

課後練習

- 請問P_20200325_002僅有對應到的關鍵字?
- 請問P_20201205_003對應到幾個關鍵字?
- 請問P_20210612_001的缺漏關鍵字是哪些?

課後自行練習答案

- 請問P_20200325_002僅有對應到的關鍵字?
- A：維護

- 請問P_20201205_003對應到幾個關鍵字?
- A：6個

- 請問P_20210612_001的缺漏關鍵字有幾個?是哪些?
- A：10個，乙方/付款方式/保固/保密/價款/正本/甲方/統一編號/維護/負責人

利用Google雲端文字辨識技術

Step1：開啟Google 雲端硬碟

利用Google雲端文字辨識技術

Step2：上傳掃描PDF檔或圖片檔(JPG、PNG等)，點擊 ⋮

利用Google雲端文字辨識技術

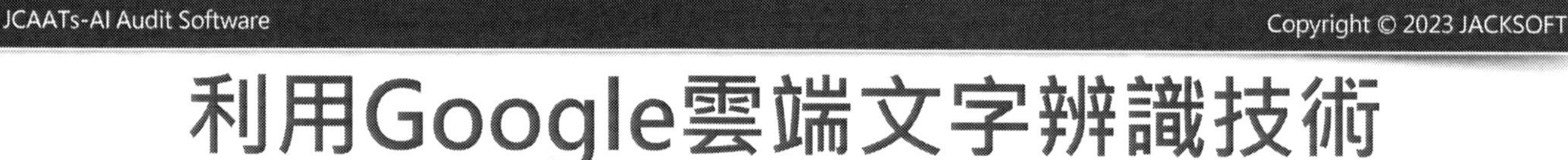

Step3：選擇開啟工具→Google文件

利用Google雲端文字辨識技術

Step4：稍待載入後，出現Google文件即辨識轉換完成。

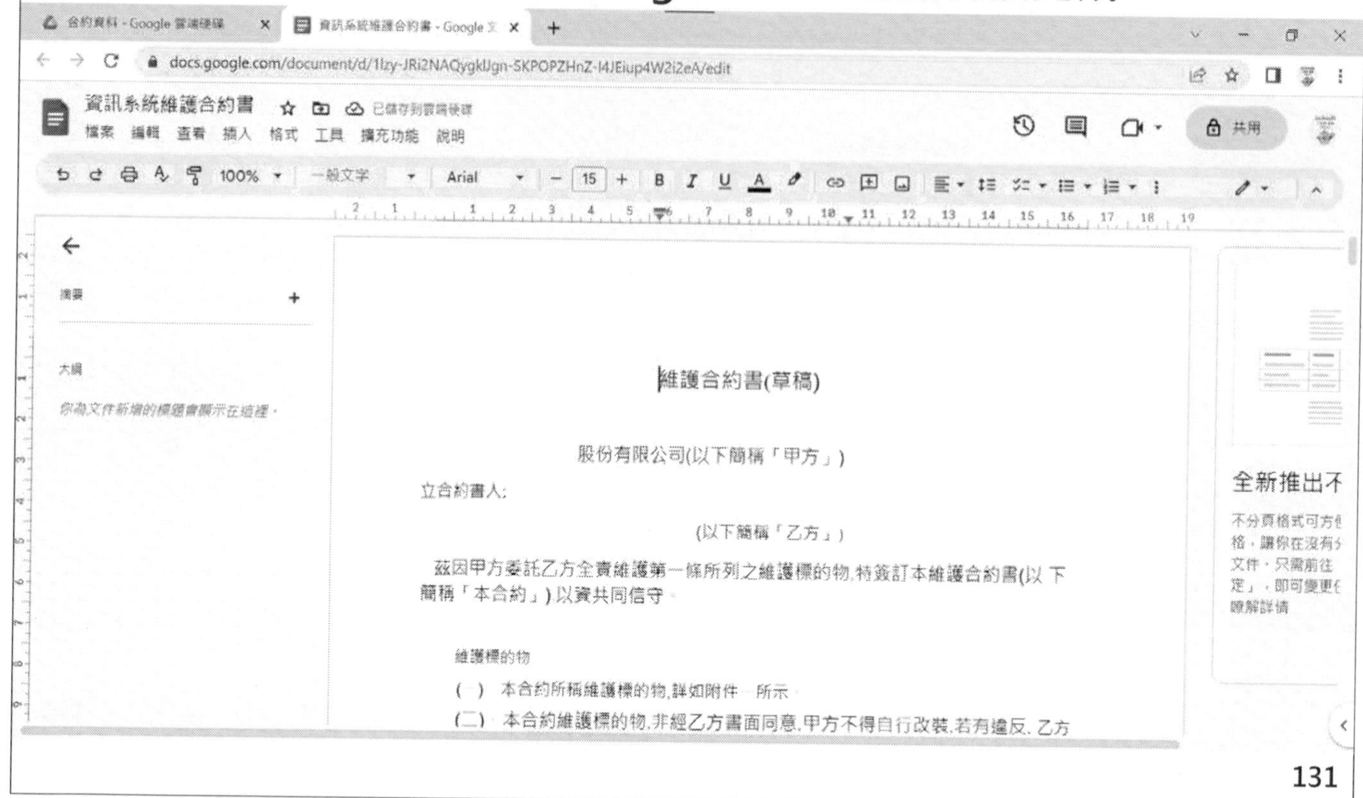

利用Google雲端文字辨識技術

Step5：檔案→下載→PDF文件(.pdf)，後續即可匯入進JCAATs。

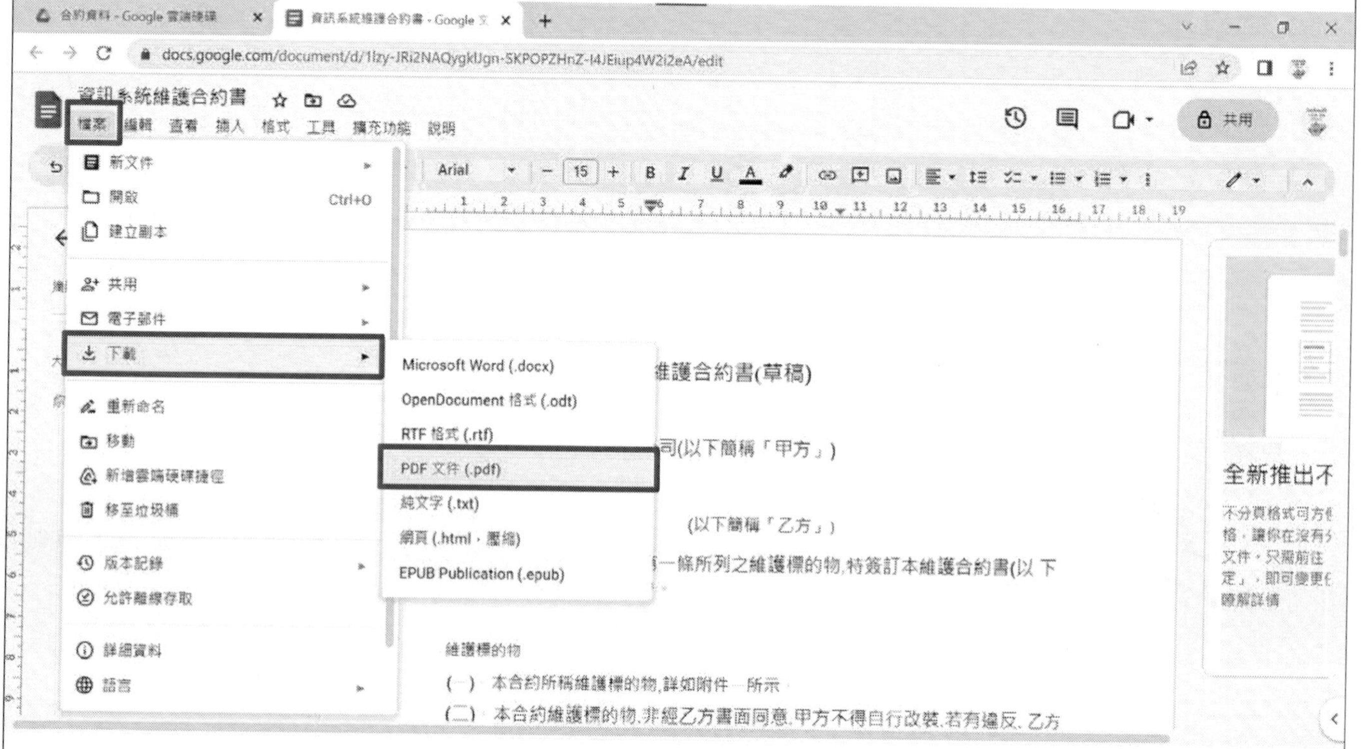

利用Google雲端文字辨識技術

Step6：PDF下載完成，點擊開啟。

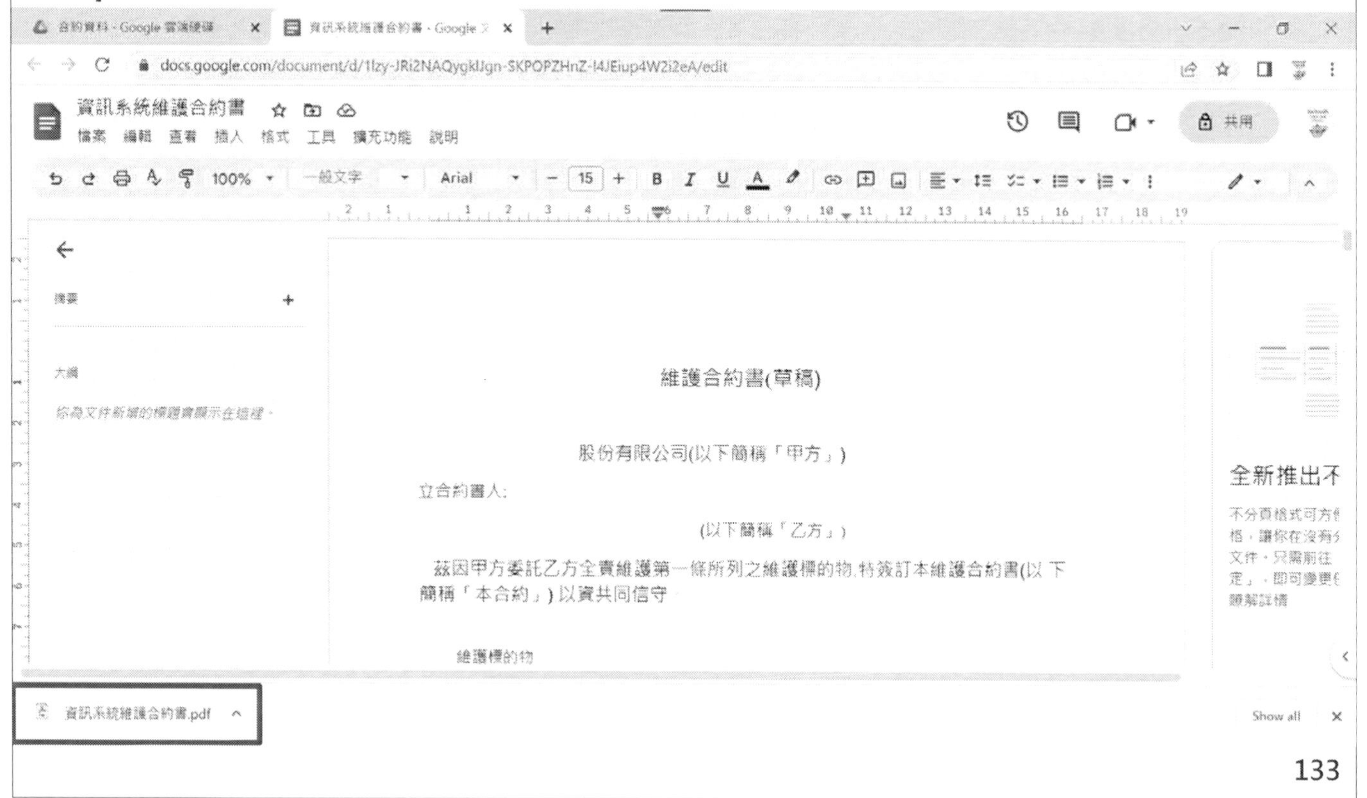

JCAATs-AI Audit Software
Copyright © 2023 JACKSOFT.

利用Google雲端文字辨識技術

Step7：可看到轉換完成的PDF。

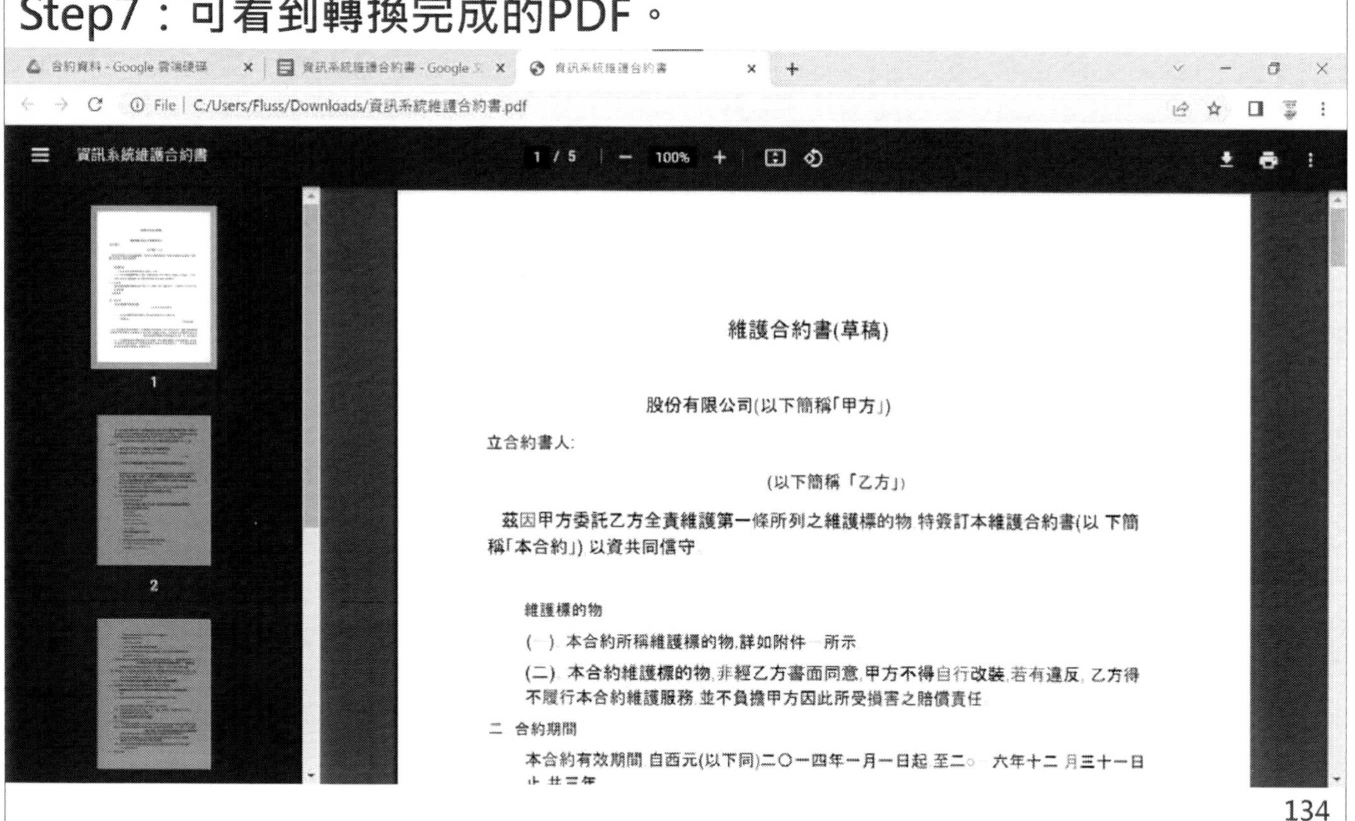

利用Google雲端文字辨識技術

Step8：將剛下載的PDF匯入JCAATs，選擇全文字PDF檔。

利用Google雲端文字辨識技術

Step9：匯入方式皆同一般PDF匯入。

	pageno	column	lineno	linetext
0	0	1	0	維護合約書(草稿)
1	0	1	1	股份有限公司(...
2	0	1	2	立合約書人:
3	0	1	3	(以下簡稱「乙...
4	0	1	4	茲因甲方委託乙...
5	0	1	5	稱「本合約」),...
6	0	1	6	維護標的物
7	0	1	7	(一)、本合約所...
8	0	1	8	(二)、本合約維...

利用Google雲端文字辨識技術

Step10：完成匯入。

| AI Audit Expert

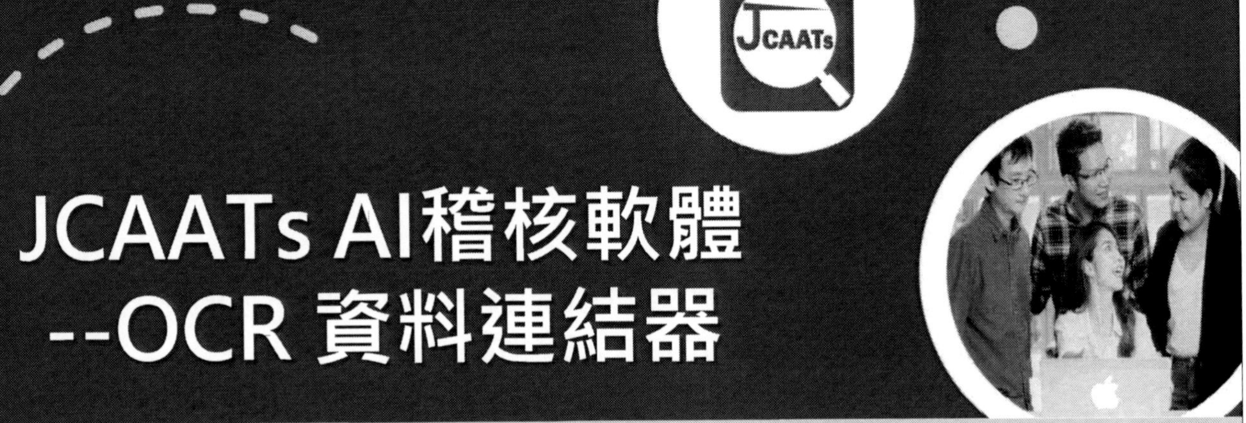

OCR是什麼?

光學字元識別OCR（Optical Character Recognition），是將圖片或掃描文字轉換為數位資料的一種技術。企業或公部門如果要數位轉型，傳統保存資訊的紙本形式已無法跟上資訊化的腳步，因此必須藉由OCR辨識技術，將過去的紙本文字轉成數位資訊，除此之外，OCR還可以用於車牌辨識、字跡辨識、RPA、破解驗證碼、檢驗違規廣告等多種應用。

傳統OCR辨識技術的限制

1.對平面文件的工整度要求極高
2.需要文字清晰可辨
3.字元分割能力的好壞將決定辨識結果

資料來源：原來OCR不只能辨識平面文字？完整介紹帶你認識OCR 3 大應用

結合人工智慧的OCR

1.不受排版影響

即使辨識畫面歪斜、字句非縱橫平整排列，甚至連電視、影片中的文字，都能清楚辨識，打破OCR只能辨識掃描文件的限制。

2.持續優化

透過深度學習搭建的人工智慧OCR模組，可隨著處理過的文件量增加，加強辨別錯字的辨識能力，自我學習優化。

資料來源：原來OCR不只能辨識平面文字？完整介紹帶你認識OCR 3 大應用

JCAATs OCR資料匯入連接器

- **JCAATs** 提供有**OCR資料匯入連接器**，供使用者可以選擇PDF或 PNG格式檔案來進OCR的辨識，將辨識後的文字匯入到JCAATs進行更進階的文字探勘分析與資料分析。
- 使用者可以**一次匯入一個**或**多個檔案**來進行OCR辨識，節省人力和時間。
- OCR 連接器**使用先進的人工智慧技術**， 如Tesseract 和 Open CV 模組， 讓相關的辨識可以更加準確與彈性。
- 你不需要連接到外網雲端，也可以使用JCAATs的 OCR 辨識功能，輕鬆完成文字圖檔的辨識會匯入功能。

JCAATs 雲端服務連接器

Tesseract介紹

- **Tesseract的OCR引擎最先由HP實驗室於1985年開始研發**
- **目前已作為開源項目(Open Source)發佈在Google Project，其最新版本3.0已經支持中文OCR。**
- **主要使用在辨識掃描文件/圖片的文字，包含契約、發票等等，能夠輕鬆地減少需要人力的工作，例如像RPA(Robotic Process Automation)類型的專案可能都會使用到。**
- **現可於R、Python中使用，於程式語言中僅需數句函式即可完成，運行速度則因程式語言環境及硬體設備而有差異。**

資料來源: https://b98606021.medium.com/%E5%AF%A6%E7%94%A8%E5%BF%83%E5%BE%97-tesseract-ocr-eef4fcd425f0

OpenCV介紹

- OpenCV的全稱是Open Source Computer Vision Library，是一個跨平台的電腦視覺庫。OpenCV是由英特爾公司發起並參與開發，以BSD授權條款授權發行，可以在商業和研究領域中免費使用。
- 在 #機器視覺 專案的開發中，OpenCV作為較大眾的開源庫，擁有了豐富的常用影象處理函式庫，可以執行在Linux/Windows/Mac等作業系統上，能夠快速的實現一些影象處理和識別的任務。
- 此外，OpenCV還提供了python的使用介面、機器學習的基礎演算法呼叫，從而使得影象處理和影象分析變得更加易於上手，讓開發人員更多的精力花在演算法的設計上。

資料來源:https://hackmd.io/@defu/OpenCVreview

如何提高辨識的準確度

- OCR為人工智慧學習人眼辨識的技術，無法完全準確度。再加上由於原始圖片不夠清晰與有雜質，也會造成辨識上的失真。

- 要提高 OCR 準確率，通常可以:
  1. 高品質的原圖像
  2. 合適的圖像尺寸
  3. 去除雜訊點
  4. 增加圖像的對比度
  5. 原始來源去除歪斜狀況
  ……………………

彈性化的語言和圖片解析度設計

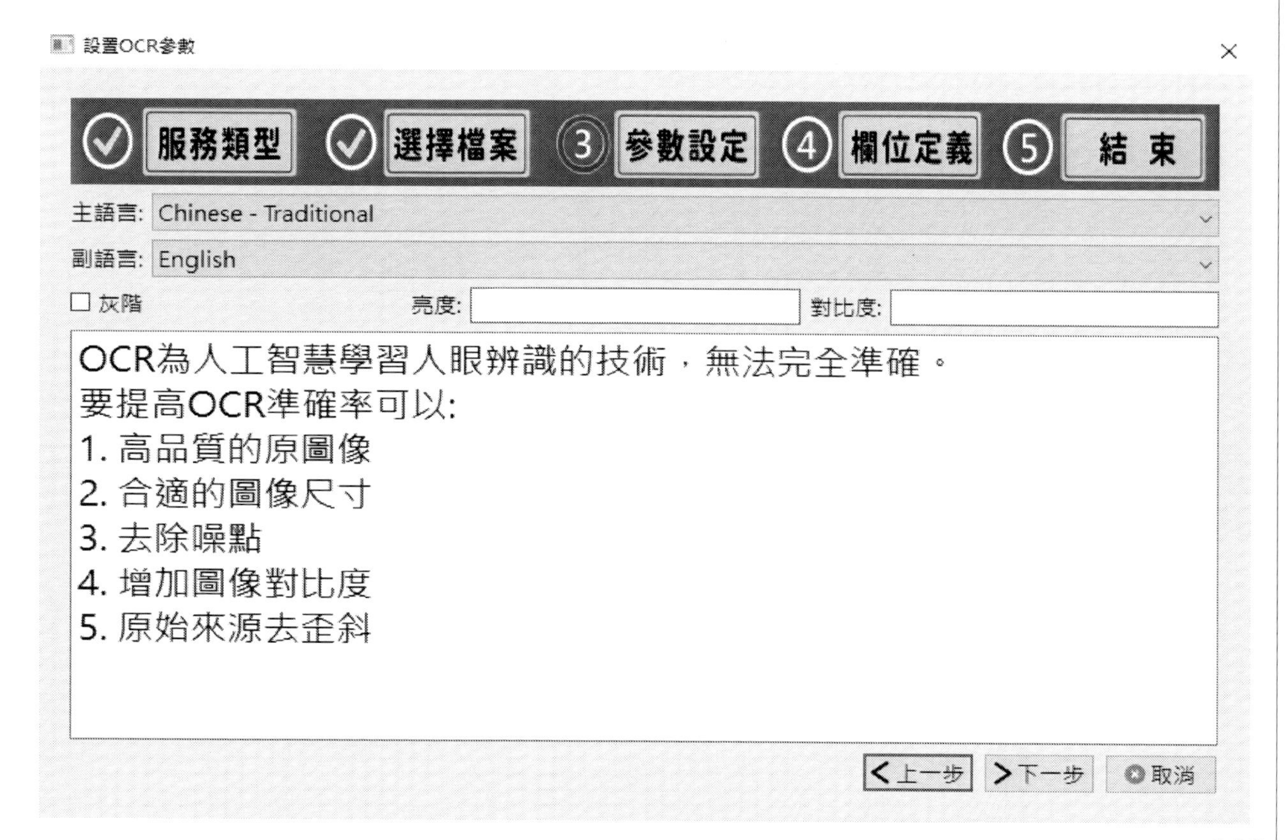

辨識後的文字資料

JCAATs OCR 資料連結器操作 線上學習影片

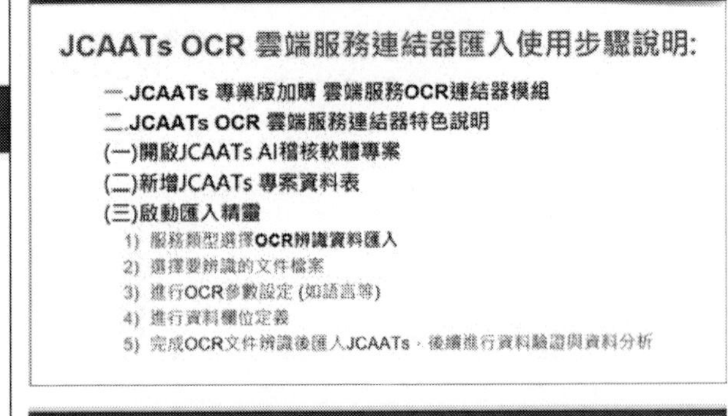

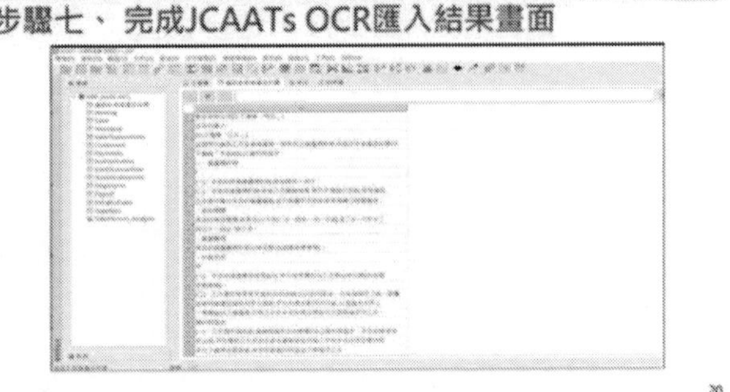

RPA流程自動化-合約審核稽核機器人(Audit Robotics)實例演練

AI智慧化稽核流程

~透過最新AI稽核技術建構內控三道防線的有效防禦，
協助內部稽核由事後稽核走向事前稽核~

事後稽核

- 查核規劃：■ 訂定系統查核範圍，決定取得及讀取資料方式
- 程式設計：■ 資料完整性驗證，資料分析稽核程序設計
- 執行查核：■ 執行自動化稽核程式
- 結果報告：■ 自動產生稽核報告

事前稽核

- 學習資料：■ 建立學習資料
- 機器學習：■ 執行訓練
- 預測分析：■ 執行預測
- 成果評估：■ 預測結果評估

監督式機器學習　　非監督式機器學習

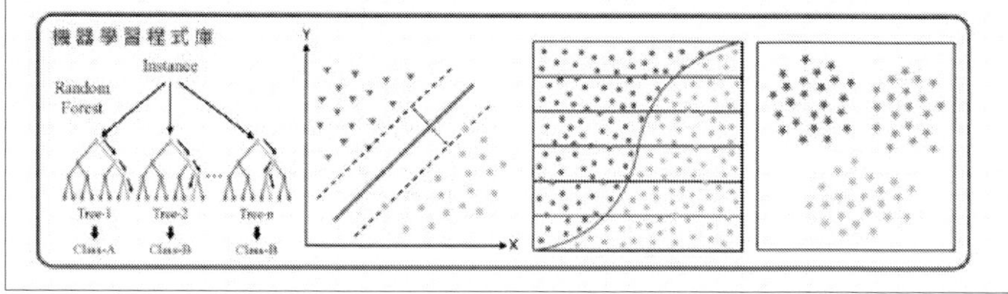

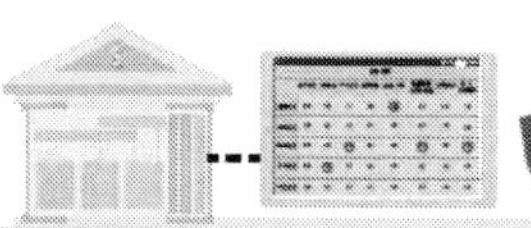

持續性稽核與持續性機器學習
協助作業風險預估開發步驟

持續性稽核規劃架構

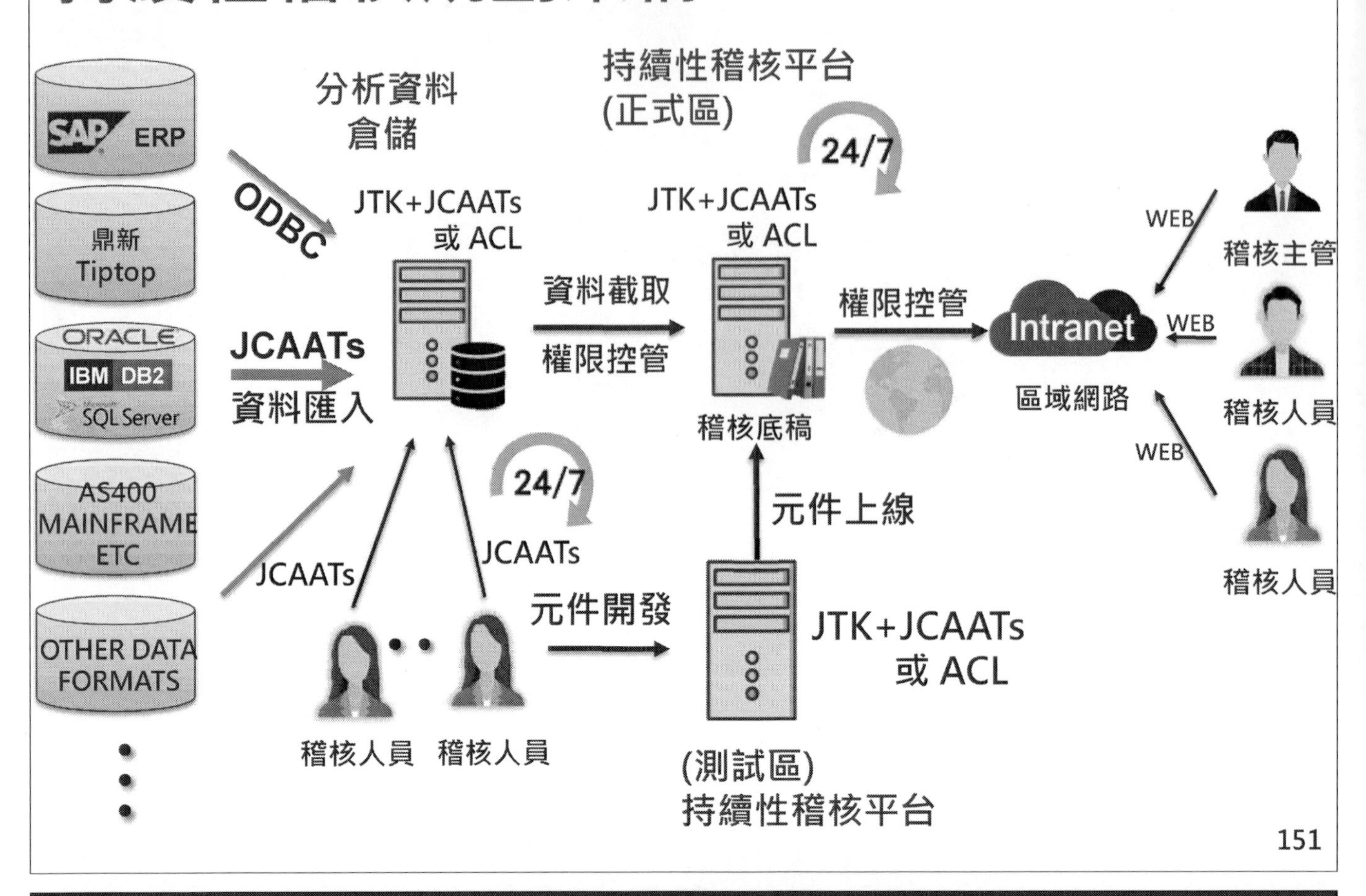

建置持續性稽核APP的基本要件

- **將手動操作分析改為自動化稽核**
  - –將專案查核過程轉為JCAATs Script
  - –確認資料下載方式及資料存放路徑
  - –JCAATs Script修改與測試
  - –設定排程時間自動執行
- **使用持續性稽核平台**
  - –包裝元件
  - –掛載於平台
  - –設定執行頻率

如何建立JCAATs專案持續稽核

➢ 持續性稽核專案進行六步驟：

▲稽核自動化：

■ 電腦稽核主機 - 一天可以工作24 小時

JACKSOFT的JBOT 合約審查稽核機器人範例

安裝

JTK 持續性稽核/監控管理平台

開發稽核自動化元件　　經濟部發明專利第 I 380230號　　稽核結果E-mail 通知

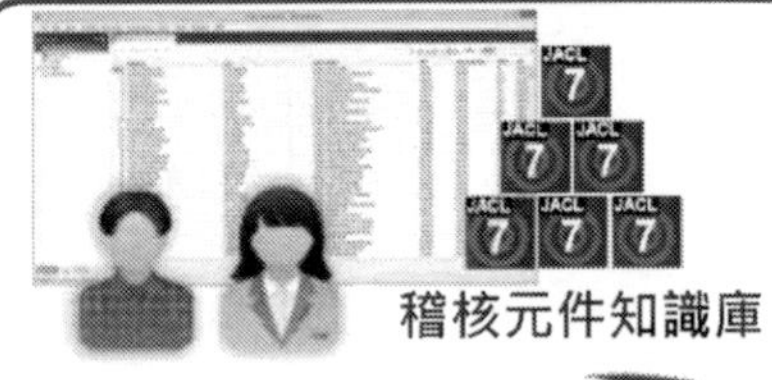

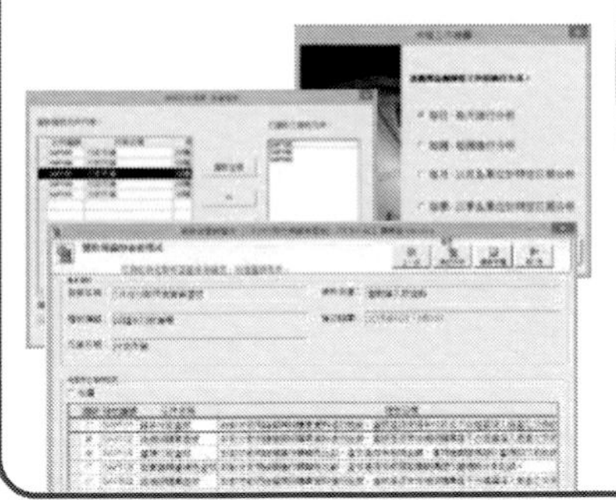

稽核元件知識庫

電腦稽核軟體

稽核人員

稽核知識管理　　異常報告分析

稽核自動化元件
管理系統
(後台)

稽核自動化底稿
管理系統
(前台)

稽核自動化元件管理　　稽核自動化底稿管理與分享

■ 稽核自動化：電腦稽核主機
一天24小時一周七天的為我們工作。

JTK 持續性電腦稽核管理平台

超過百家客戶口碑肯定 持續性稽核第一品牌

無縫接軌 AI 智慧稽核新作業環境

透過最新 AI 智能大數據資料分析引擎，進行持續性稽核 (Continuous Auditing) 與持續性監控 (Continuous Monitoring) 提升組織韌性，協助成功數位轉型，提升公司治理成效。

海量資料分析引擎

利用CAATs不限檔案容量與強大的資料處理效能，確保100%的查核涵蓋率。

資訊安全 高度防護

加密式資料傳遞、資料遮罩、浮水印等資安防護，個資有保障，系統更安全。

多維度查詢稽核底稿

可依稽核時間、作業循環、專案名稱、分類查詢等角度查詢稽核底稿。

多樣圖表 靈活運用

可依查核作業特性，適性選擇多樣角度，對底稿資料進行個別分析或統計分析。

JTK持續性稽核平台儀表板

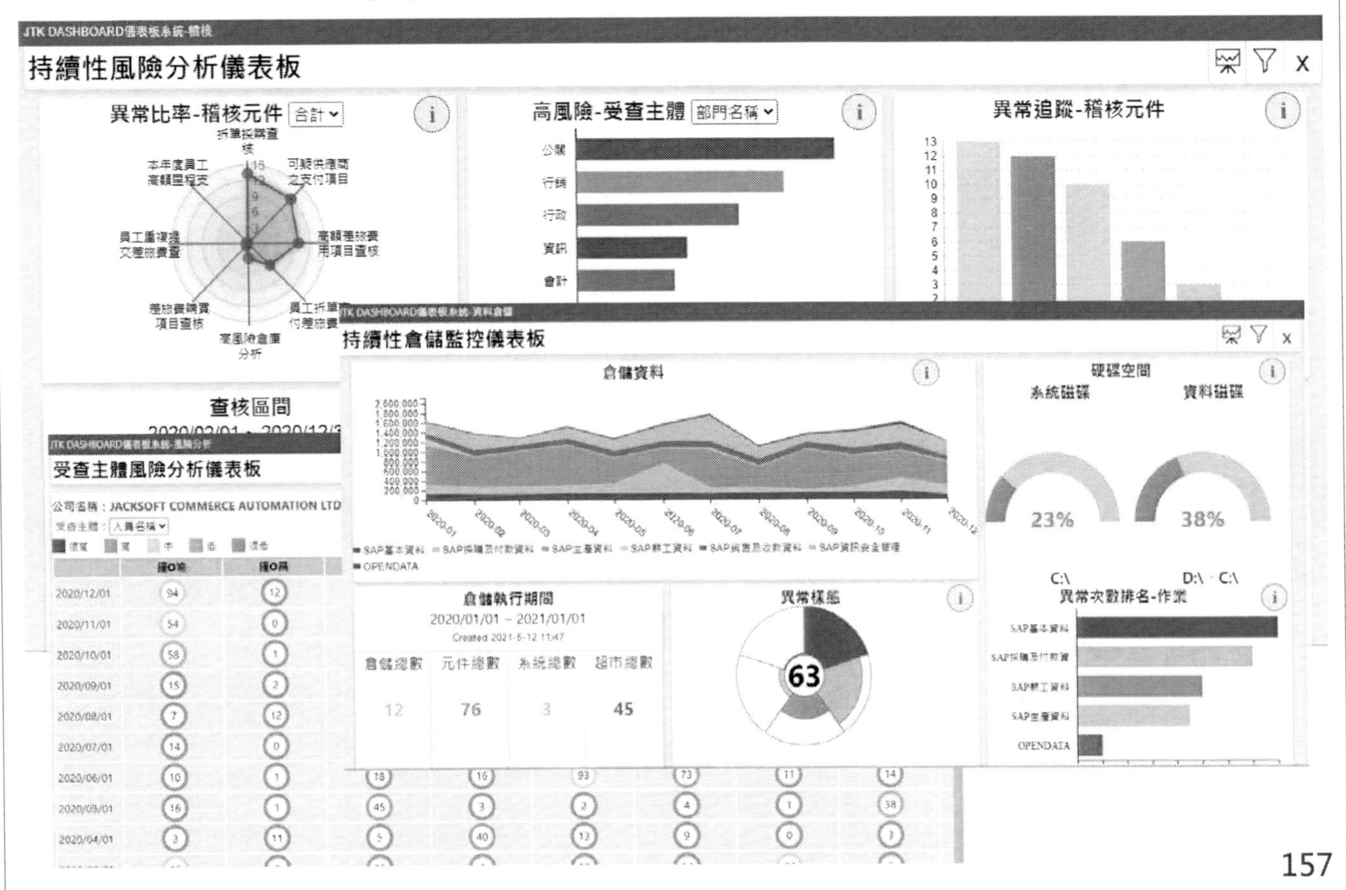

電腦稽核軟體應用學習Road Map

國際網際網路稽核師

國際資料庫電腦稽核師

永續發展

國際ESG電腦稽核師

稽核法遵

國際ERP電腦稽核師

國際鑑識會計稽核師

國際電腦稽核軟體應用師

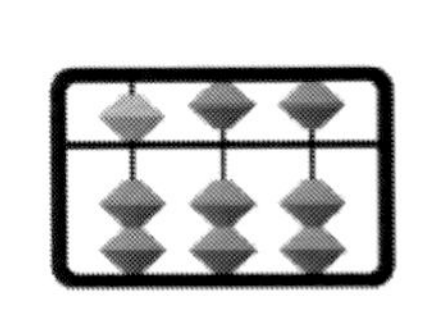

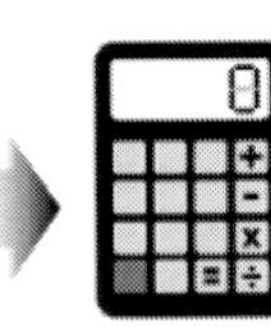

專業級證照- ICCP

國際電腦稽核軟體應用師(專業級)

International Certified CAATs Practitioner

CAATs
-Computer-Assisted Audit Technique

強調在電腦稽核輔助工具使用的職能建立

職能	說明
目的	證明稽核人員有使用電腦稽核軟體工具的專業能力。
學科	電腦審計、個人電腦應用
術科	CAATs 工具

CAATTs and Other BEASTs for Auditors
by David G. Coderre

CAATTs and Other BEASTs for Auditors
Ekaros
David G. Coderre

CAATTs and Other BEASTs for Auditors
by David G. Coderre

歡迎加入 法遵科技 Line 群組

~免費取得更多電腦稽核應用學習資訊~

法遵科技知識群組

有任何問題，歡迎洽詢 JACKSOFT
將會有專人為您服務

官方Line：@709hvurz

「法遵科技」與「電腦稽核」專家

傑克商業自動化股份有限公司 台北市大同區長安西路180號3F之2(基泰商業大樓) 知識網:www.acl.com.tw
TEL:(02)2555-7886 FAX:(02)2555-5426 E-mail:acl@jacksoft.com.tw

JACKSOFT為經濟部能量登錄電腦稽核與GRC(治理、風險管理與法規遵循)專業輔導機構，服務品質有保障

參考文獻

1. 黃秀鳳，2023，JCAATs 資料分析與智能稽核，ISBN9789869895996
2. 黃士銘，2022，ACL 資料分析與電腦稽核教戰手冊(第八版)，全華圖書股份有限公司出版，ISBN 9786263281691.
3. 黃士銘、嚴紀中、阮金聲等著(2013)，電腦稽核－理論與實務應用(第二版)，全華科技圖書股份有限公司出版。
4. 黃士銘、黃秀鳳、周玲儀，2013，海量資料時代，稽核資料倉儲建立與應用新挑戰，會計研究月刊，第 337 期，124-129 頁。
5. 黃士銘、周玲儀、黃秀鳳，2013，"稽核自動化的發展趨勢"，會計研究月刊，第 326 期。
6. 黃秀鳳，2011，JOIN 資料比對分析-查核未授權之假交易分析活動報導，稽核自動化第 013 期，ISSN:2075-0315。
7. 黃士銘、黃秀鳳、周玲儀，2012，最新文字探勘技術於稽核上的應用，會計研究月刊，第 323 期，112-119 頁。
8. INSIDE，2018 年，"AI 與律師比賽審保密協議書，人類輸了"
   https://www.inside.com.tw/article/12094-ai-outperforms-human-lawyers-in-reviewing-legal-documents
9. 蘋果新聞網，2021 年，"北市府用 AI 審查預售屋契約　新系統輔助只需 20 分鐘"
   https://tw.appledaily.com/property/20210701/PUZKCCGEPJDDJJLGFIZKQWHV64/
10. 果仁家，2022 年，"預售屋合約注意陷阱，新北市建案違規遭罰 150 萬"
    https://applealmondhome.com/posts/3989
11. LargitDate.com，2020 年，"原來 OCR 不只能辨識平面文字？完整介紹帶你認識 OCR 3 大應用"
    https://www.largitdata.com/blog_detail/20111113
12. AICPA，2015 年，"Audit Data Standards"
    https://us.aicpa.org/interestareas/frc/assuranceadvisoryservices/auditdatastandards
13. Python
    https://www.python.org/
14. 臺灣大學計算機及資訊網路中心，2014 年，"文字探勘之前處理與 TF-IDF 介紹"
    https://www.cc.ntu.edu.tw/chinese/epaper/0031/20141220_3103.html
15. Medium，2018 年，" [實用心得] Tesseract-OCR"
    https://b98606021.medium.com/%E5%AF%A6%E7%94%A8%E5%BF%83%E5%BE%97-tesseract-ocr-eef4fcd425f0
16. Galvanize，
    https://www.wegalvanize.com/

17. Jacksoft，2022 年，"Jacksoft 電腦稽核軟體專家-AI Audit Software 人工智慧新稽核-JCAATs"
https://youtu.be/1BGCsXjPN6w

18. Clay-Technology World，2020 年，" [NLP] 文字探勘中的 TF-IDF 技術"
https://clay-atlas.com/blog/2020/08/01/nlp-%E6%96%87%E5%AD%97%E6%8E%A2%E5%8B%98%E4%B8%AD%E7%9A%84-tf-idf-%E6%8A%80%E8%A1%93/

19. JiunYi Yang (JY)，2019 年，"【資料分析概念大全｜認識文本分析】給我一段話，我告訴你重點在哪：對文本重點字詞加權的 TF-IDF 方法"
https://medium.com/datamixcontent-lab/%E6%96%87%E6%9C%AC%E5%88%86%E6%9E%90%E5%85%A5%E9%96%80-%E6%A6%82%E5%BF%B5%E7%AF%87-%E7%B5%A6%E6%88%91%E4%B8%80%E6%AE%B5%E8%A9%B1-%E6%88%91%E5%91%8A%E8%A8%B4%E4%BD%A0%E9%87%8D%E9%BB%9E%E5%9C%A8%E5%93%AA-%E5%B0%8D%E6%96%87%E6%9C%AC%E9%87%8D%E9%BB%9E%E5%AD%97%E8%A9%9E%E5%8A%A0%E6%AC%8A%E7%9A%84tf-idf%E6%96%B9%E6%B3%95-f6a2790b4991

20. 陳得富，2020 年，"OpenCV 簡介"
https://hackmd.io/@defu/OpenCVreview

作者簡介

黃秀鳳 Sherry

現　　任

傑克商業自動化股份有限公司 總經理

ICAEA 國際電腦稽核教育協會 台灣分會 會長

台灣研發經理管理人協會 秘書長

專業認證

國際 ERP 電腦稽核師(CEAP)

國際鑑識會計稽核師(CFAP)

國際內部稽核師(CIA) 全國第三名

中華民國內部稽核師

國際內控自評師(CCSA)

ISO 14067:2018 碳足跡標準主導稽核員

ISO27001 資訊安全主導稽核員

ICEAE 國際電腦稽核教育協會認證講師

ACL Certified Trainer

ACL 稽核分析師(ACDA)

學　　歷

大同大學事業經營研究所碩士

主要經歷

超過 500 家企業電腦稽核或資訊專案導入經驗

中華民國內部稽核協會常務理事/專業發展委員會 主任委員

傑克公司 副總經理/專案經理

耐斯集團子公司 會計處長

光寶集團子公司 稽核副理

安侯建業會計師事務所 高等審計員

國家圖書館出版品預行編目(CIP)資料

AI 智能稽核 : 文字探勘於合約查核實例演練 / 黃秀鳳作. -- 1 版. -- 臺北市 : 傑克商業自動化股份有限公司, 2023.06

面 ; 公分. -- (國際電腦稽核教育協會認證教材)

ISBN 978-626-97151-4-5(平裝附光碟片)

1.CST: 電腦軟體 2.CST: 稽核 3.CST: 資料探勘

312.49 112009674

AI 智能稽核-文字探勘於合約查核實例演練

作者 / 黃秀鳳

發行人 / 黃秀鳳

出版機關 / 傑克商業自動化股份有限公司

地址 / 台北市大同區長安西路 180 號 3 樓之 2

電話 / (02)2555-7886

網址 / www.jacksoft.com.tw

出版年月 / 2023 年 06 月

版次 / 1 版

ISBN / 978-626-97151-4-5